江向东
黄艳华　编著

量子世界的曙光

U0297944

Quantum

河北出版传媒集团
河北科学技术出版社

图书在版编目（CIP）数据

量子世界的曙光 / 江向东，黄艳华编著 . — 石家庄：
河北科学技术出版社，2012.11（2024.1 重印）
（青少年科学探索之旅）
ISBN 978-7-5375-5543-2

Ⅰ．①量… Ⅱ．①江… ②黄… Ⅲ．①量子—青年读
物②量子—少年读物 Ⅳ．① O413-49

中国版本图书馆 CIP 数据核字 (2012) 第 274557 号

量子世界的曙光

江向东　黄艳华　编著

出版发行	河北出版传媒集团　河北科学技术出版社	
地　址	石家庄市友谊北大街 330 号（邮编：050061）	
印　刷	文畅阁印刷有限公司	
开　本	700×1000　1/16	
印　张	12	
字　数	130000	
版　次	2013 年 1 月第 1 版	
印　次	2024 年 1 月第 4 次印刷	
定　价	36.00 元	

前　言

　　我们的眼睛之所以能看到某个东西，是因为它发出或反射的光在我们的大脑里转变为图像信号。然而，即便是你有最敏锐的眼睛，也无法辨别尺度小于视网膜上感光细胞间距的东西。幸运的是，科学家们为我们准备了显微镜之类的探测工具，借助这些工具，我们就可以看到这些小的东西。那么，我们能看到多小呢？

　　青少年朋友们都知道，借助光学显微镜我们可以看到很小的细菌，借助电子显微镜还可以看到细菌的内部结构，甚至病毒这样小的东西也能看到。这些东西的大小在$10^{-6} \sim 10^{-7}$米。但是，更小的东西我们还能看到吗？本书将要带领青少年朋友们进入的就是这样更小的微观世界，这里是一个更神奇的世界。

　　微观世界的大门是建立在原子的尺度上的，它为10^{-10}米。我们所熟悉的细菌比原子要大4个数量级。你也许不会想到原子这样小的东西，竟然还有更深层的内部结构，更惊疑科学家们是怎样"钻进"原子中进行研究的。为了观察微观世界，科学家们真是想尽了各种各样的方法，目前他们最主要的秘密武器就是粒子加速器和探测器。科学家们正是利用它们来产生和探测越来越微小的东西的。

　　科学家们发现尽管原子很小，但其中的原子核半径更小。原子核的半径仅有10^{-15}米，即大小只有原子的十万分之

一。20世纪30年代，科学家们以为组成原子核的质子和中子就是微观世界的终极了。可是到了60年代，科学家们又发现质子和中子等所谓基本粒子大都是由叫作夸克的更小的粒子组成的。

人类的智慧现在已经能够了解大自然的很多现象。从极大尺度的宇宙到极小尺度的粒子世界，这两个极端尺度之间的物质运动的很多细节都能得到合理的解释。当人们在感叹物质的尺度，大的如此之大，小的如此之小时，科学家们却发现极大与极小之间却有着密不可分的联系。例如，应用粒子物理知识，科学家们可以知道大约150亿年前宇宙诞生最初几分钟的情况，聆听"宇宙蛋"大爆炸的"回声"。广袤无垠的星空成了科学家们研究微观粒子的天然实验室。只要让我们跟上科学前进的步伐，我们就能洞察这些"看不见的科学世界"，就能对神秘的宇宙有更深入更全面的了解。

江向东　黄艳华

2001年3月于北京

目 录

一 从看得见到看不见

二 量子世界的曙光

三 量子殿堂的落成

四 庭院深深知几许

五 科学就在我们身边

一、从看得见到看不见

● 漫谈"看不见"

假如你在20世纪五六十年代某个乡村的夏夜，指着满天忽闪忽闪的小星星，对村里的叔叔阿姨爷爷奶奶们说，有许多小星星比月亮和地球还大，那准会落个"书呆子"的名声。即使在当地够得上"有头有脸"的人，也会对你的"星星比月亮大"的"奇谈怪论"嗤之以鼻，认为你是"喝墨水喝多了犯迷糊"。若不是你坚决相信课本和老师的话，准会被那种群起而攻之的阵势弄得真的犯迷糊。可不是吗，尽管你本来不相信有鬼，但老少爷们见鬼遇鬼躲鬼打鬼的"亲身经历"常年累月活灵活现地往你耳朵里直灌，久而久之还真的把人灌得一个人待在黑屋子里时就发毛。"人言可畏"的这种例子谁都能举出一串来。

星星看着比月亮小，这与视角有关系。视角是由物体两

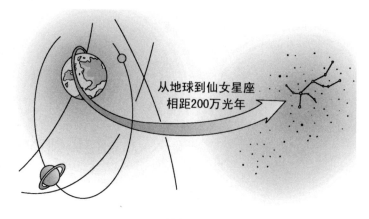

从地球到仙女星座
相距200万光年

星空遥望

端射出的两条光线在眼球内交叉而成的角。物体本身越小或者离人越远，视角就越小，在人眼的视网膜上产生的感觉也就会觉得越小。不过，问题的症结并不在这儿。让我们仔细想一想就知道症结在哪儿。尽管星星的视角因为距离远而比月亮的视角小，让人觉着它本身就小，但小归小，毕竟还能看得见。根据"远处的东西看着就比较小"这种人人都有的生活经验，还能不理解星星可能比月亮大的道理吗？相比之下，"鬼"是绝对看不见的，可是"见鬼"的人直到今天仍不算太少。这些宁可相信"鬼"而不相信"星星可能比月亮大"的人，主要不是因为肉眼近视，而是因为对科学知识、科学方法、科学思维和科学精神缺乏起码的了解。

"看不见的科学"从"看不见"的字面上讲，跟"鬼"是一样的。在看不见的科学中所描述的事物，有的是因为离得太远看不见，例如肉眼看不见的星体；有的是因为物体太小看不见，例如原子和亚原子粒子；有的是因为它本身的属性就不可能被看见，例如黑洞和暗物质；有的是因为它是没有空间形体或者说是无形的东西，例如物理学中的各种场。这种无形的东西比其他有形的东西更不容易让人认识。因此，让我们先谈谈这种无形的场，对它有所了解之后，自然就明白了它与"鬼"的差别。

在日常生活中，人们把适应某种需要的比较大的地方叫作场。例如，做体操的地方叫作操场，放牧的地方叫作牧场，作战的地方叫作战场，考试的地方叫作考场，诸如此类不胜枚举。这些场地都是看得见的，显然不属于"看不见的科学"。我们在这里说的是物理学中的场，是一种看不见的、与日常生活相比有很大的变化和引申的"场"。在这里，场不再是简单地指某种场地，而是指物质存在的一种基本形态。它们像实物一样具有能量、动量甚至还具有质量，并且能够传递实物之间的相互作用。电场、磁场、引力场、规范场等，名堂很多，它们都是物质存在的一种形态。

物理场的概念是自然科学中的一个基本概念。虽然场的概念出现只有160来年，但它的孕育期却比这长得多。随着几千年来尤其是最近几百年来人类认识的深化，场的概念才得以产生并不断发展着。它是人类认知过程中的最卓越和最深刻的物理思想的产物。

任何一门科学在其发展过程中的任何时候都会遇到两种问题。一种是"是什么"的问题，另一种则是"为什么"

的问题。前一种问题只要回答事物的表现形式怎么样就行了，而后一种则要追究其内在原因，显然深入了一步。例如问"惯性是什么？"可以这样回答："惯性是物体不愿意改变自身运动状态的一种性质。"若再问"为什么有惯性？"这就涉及惯性的起源问题，马赫原理就是为回答这样的问题而提出来的。马赫原理说：宇宙间一切物质的惯性完全取决于整个宇宙空间中物质和能量的分布。也就是说，一个物体

科学拓荒者伽利略

的惯性大小和质量大小都取决于宇宙中其他所有物质的分布情况和对它的吸引作用。看到这里，谁都会觉得问题变复杂了。本来是问一个物体的惯性问题，现在却要考虑整个宇宙中的无数物质怎么样。事实上，宇宙中任何一个物体的存在，都能在其周围空间引起某种实在的变化或赋予其周围空间一种实在的物理属性（例如惯性），使得所有出现在这一空间的其他物体都能感受到一种吸引作用。于是，人们便把具有这种作用属性的空间范围叫作这个物体所产生的引力场。不难想象，许多物体所产生的引力场就是它们各自产生的引力场的叠加。这时，若问某个物体在某处的受力情况，就需要考虑该处引力场对它的综合作用了。

正如引力是自然界中一种基本的力一样，引力场也是自然界中的一种基本的场。它是在伽利略、开普勒和牛顿对引力的科学研究的基础上发展起来的。我们将在随后的文章中看到这几位科学先驱的伟大贡献。牛顿力学能回答很多"是什么"的问题，却很难回答"为什么"的问题。我们都知道，物体之间是相互吸引的，这是万有引力定律给出的答案。那么，你知道这种相互吸引是如何实现的吗？是经过虚空吗？某种东西不经过任何载体而从一个物体传递到另一个物体，这种想法是很难为人接受的。包括大科学家牛顿在内的不少人，对这种超距作用的引力理论均持怀疑态度。在人们还没有认识到场的概念之前，便认为有某种中间介质或者说媒介充满物体之间的空间并且起传递力的作用。牛顿在给

他的朋友的一封信中明确地说明了他对这种媒介的想法，他认为这种媒介是极其稀薄的东西，能够无限延伸，在物体周围和物体里面都存在，而且还能流动。

可能有人会问，既然牛顿有媒介物质的想法，为什么他建立的引力理论却是超距作用的呢？简单讲，之所以如此，是因为实验上的限制。因为当时不论引进哪种媒介，都没有任何实验依据。而从17世纪开始，物理学已开始从哲学说教而变成一门定量的实验科学。促进这种伟大转变的，是这样三个人：英国哲学家培根、法国科学家笛卡尔和意大利科学家伽利略。在这三位先驱者的倡导下，人类从而有了一种科学地认识世界的新原则：这就是首先是对自然界做实验，然后是做出用以解释自然现象的科学假设，最后则给出能赖以建立理论的一般原理。还得用实验来检验，每一步都要检验，特别是对理论做检验。这样，理论是否正确的判据不再是它在逻辑上的正确性，也不再是看它漂亮不漂亮，而是看它的解释和预言同实验事实是否相符。若与实验不符，那就是错的。实验是理论的至高无上的裁判。

因为有实验这样一个冷酷无情的裁判存在，所以任何一种理论或者假说的提出，都是非常谨慎的。像各式各样的媒介假说，虽然给物质之间的相互作用提供了可能，但等到实验技术能检验它们时，便一个个地被否定了。场的概念之所以首次在电磁学中出现并很快为人所接受，是因为麦克斯韦电磁场理论预言的电磁波很快就被赫兹的实验所证实。否

发现万有引力定律的牛顿

则，有关场的理论就不可能发展得如此之快。

通过上面所谈，我们知道像无形的场这种看不见的科学，都是从看得见的科学发展而来的，都有着扎实的实验基础。它们虽然不能被人直接看见，但能被人感知、验证、控制和利用。显然，"鬼"不可能是这个样子。这就是看不见的科学与看不见的"鬼"的本质差别。通过对一些科学领域的探索过程的了解，我们无疑会从其中的创新思想、思维方式和研究方法等方面得到智慧的启迪和科学的陶冶。

● 古代和近代的原子故事

人类对自然界这个物质世界的认识，经历的探索时间是漫长的。土石叠为山丘，水流汇成河海。那么，土石和水流是由什么东西组成的？世间万物是怎样来的？假如不是无中生有的话，那么它们必定是由某些原始物质组成的，这些原始物质是什么？对这些问题的看法，或者说关于"原子"的设想，古代人就有多种多样。

早在公元前1000多年的殷周时期，我们中国人就提出了五行说，用金、木、水、火、土这五种常见的物质来说明宇宙万物的起源和变化。到了春秋战国时期，由五行说的发展而产生了五行相生、相克的观念。相生如木生火，火生土，土生金，金生水，水生木；相克如水克火，火克金，金克木，木克土，土克水。五行说中的合理因素，对我国古代的天文、历数和医学等方面，起了一定的作用。古代印度人也提出过与此类似的五大说，五大指的是地、水、火、风、空。

我国春秋时期的楚国，出了个与孔子齐名的大学问家老子。老子做过周朝管理藏书的官，后来隐居了。他写的《道德经》虽然只有5000字，内容却非常丰富。那时候，人们认为宇宙间的万事万物都由神的意志统治和主宰。最高的神是天，也称为上天或天帝。所以，几乎人人都敬畏上天。然而，老子的看法却与众不同，他说，天地是没有仁义的，它对于万事万物，就像人对待用草扎的供祭祀用的狗一样，用完了就扔，不会有什么爱憎之情的。那么，天地万物的根本是什么呢？老子认为，有一样东西，在天地万物生长运行之前就存在了，世界上的所有东西不论什么都是由它产生的，没有了它，就什么也不会有。它就是"道"，即世界的本原是"道"。那么，道是一种什么样的东西呢？老子认为道是不能用语言表达的一种看不见、听不着、摸不到的混混沌沌的东西。你遇见它时，看不见它的前面；你跟着它时，看不见它的后面。然而，它又无处不在。按老子所言："它惟恍惟惚，是无状之状，无像之像。"这就是我们所称的道家。道家说的这个"道"是精神的还是物质的，人们对此有不同的看法。我们也会觉得，这种"原子"，的确让人"恍惚"。

大约公元前600年，在古希腊，有个叫泰勒斯的哲学家，认为水是万物的本原。他认为，大地和万物，都是经过了一个自然过程，从水中产生的，就像尼罗河三角洲，是由淤泥沉积起来的一样。稍后，有个叫阿那克西曼德的人认为，万物的本原是一种被叫作"无限"的不固定的物质。它在运动中分裂出冷和热、干和湿等对立的东西，并且产生万物。

大约在公元前400多年，古希腊的哲学家德谟克利特发展了他的老师留基伯的原子学说，他把构成物质的最小单元叫作原子。他认为，原子是一种不可分割的、看不见的物质微

粒，它的内部没有任何空隙。原子在数量上是无限的，它们只有大小、形状和排列方式的不同，而没有本质的差别。原子在无限的虚空中急剧而无规则地运动着，互相碰撞，形成旋涡，从而产生了世界万物。

古人对物质的本原即"原子"的设想很多很多，这许许多多的说法，只能当作近代科学研究的一种参考，而不能看作是科学真谛。为什么这样说呢？因为这些假说的提出人，都没有想到或没有条件用实验来检验它们的正确性。只有能够用科学的方法进行检验，并且能经受住这种检验的东西，才是科学的东西。大约过了2000年的时间，直到17世纪，人们才开始用近似于科学的方法来研究物质结构的活动。

17世纪以前，人们还不知道空气里含有多种成分，以为空气就是空气，甚至不知道空气与蒸汽的区别。17世纪初，比利时的一个叫海尔蒙特的医生，第一次"天才地"启用了"气体"这个名词，并首次指出"蒸汽比气体容易凝结"的现象。海尔蒙特是个二元论者，他认为世间万物都是由水和空气这两种单元构成的。为证实这种猜想，他做了个非常有趣的柳树实验。

海尔蒙特用一个大瓦罐，往里面放了90.7千克烘干的土，再栽上一棵2.25千克的柳树苗。此后，除了往罐里浇水之外，不再放任何东西。而且，还把柳树的落叶一片片地拾起来保存着。这样过了5年，他拔起柳树再称，连同所有的落叶一共重76.8千克。再把土倒出来烘干称，只比原来少了0.05

千克，柳树净长了74.6千克。多出来的物质是从哪里生出来的呢？海尔蒙特认为它生自空气和水。

1661年，英国科学家波义耳提出了化学元素概念，为科学地研究化学奠定了基础。百余年后，人们相继用实验手段发现了氢、氮和氧等元素，到这时才知道空气是由多种气体组成的。

1803年，英国化学家和物理学家道尔顿，把原子从一个扑朔迷离的哲学名词变为化学中掷地有声的实在单元。他用原子的概念来阐明化合物的组成及其所服从的定量规律，并通过实验来测量不同元素的原子质量之比，即通常所说的"原子量"。这种始自化学的原子假说叫作"化学原子论"，也可以说是科学的原子论。

道尔顿认为："化学的分解和化合所能做到的，充其量只能让原子彼此分离和重新结合。物质的创生和毁灭，不是化学作用所能达到的。就像我们不可能在太阳系中放进一颗新行星和消灭一颗老行星一样，我们也不可能创造出或消灭掉一个氢原子。"

由于时代的局限性，道尔顿不可能预见到百年之后化学作用之外的物理作用的巨大威力。科学的发展表明，采用物理手段，就像我们能在太阳系中放进一颗新行星或消灭一颗老行星一样，我们不仅能创造出或消灭掉任意原子，而且同样能分割原子核乃至更深层次的基本粒子。

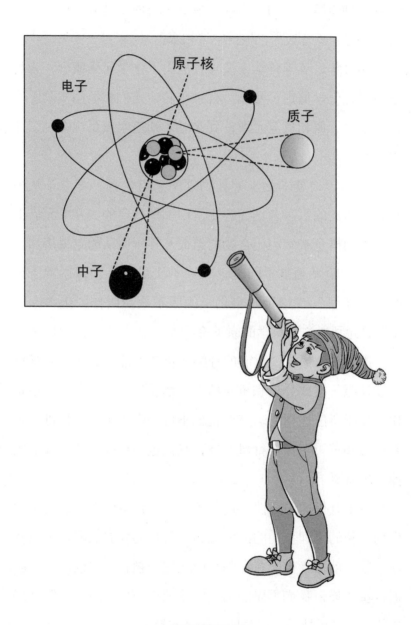

原子结构示意图

● 关于"原子"的大论战

在19世纪和20世纪之交，物理学中的原子论与实证论发生了尖锐的冲突。很多著名科学家都卷入了这场论战。物理学与哲学的关系，二者的相互影响，在这场论战中都表现得很充分，富有启示意义和警示作用。

关于物质原子构成的争论是物理学中历史最为悠久的问题之一。它起始于大约公元前500年的留基伯和公元前400年的德谟克利特，最后直到1906年玻耳兹曼去世后才结束，前后持续了近2500年。

到了16世纪和17世纪，由于对神学的争论，原子论变得重要起来。布鲁诺仔细考虑了与之密切相关的"单子"。《牛津英语词典》中把单子描述为"一个单位，所存在的不能再分解的单位，比如，一个灵魂、一个人、一个原子、独一无二的上帝等"。然而，一些问题也随着经典的单子而出现。如果在大小上单子是有限的，至少从原则上讲它必定是可分的，可是那样的话，单子就将不是一个原子。

19世纪中叶，苏格兰阿伯丁大学有两个学院，奉大学之命决定只保留一个，因此每个学科需要免除一位教授的职务。在物理这一学科中，这个不得不到其他地方另谋生路的

不走运的人就是麦克斯韦。尽管麦克斯韦无疑是19世纪最伟大的物理学家，但我们也不应对阿伯丁选举团的成员过于苛责。虽然麦克斯韦的理解力远在普通人之上，但此时他还未曾充分显示出他的潜力。他最伟大的贡献是在电磁学方面做出的。不过与之相比，他对气体分子运动论所做的贡献，也许具有同样的历史重要性。麦克斯韦、洛施密特和开尔文有史以来第一次指出，通过实验称量来确定原子的大小和其他性质是可能的。

1865年，洛施密特开始了一项研究，这项研究导致了对原子大小的计算。他算得的值比预计的大4倍，却没有超过现代值的数量级。这是自留基伯和德谟克利特以来这2500年间

科学探索充满了艰难和曲折

对原子的大小所做的第一次估算。

同一年，也就是1865年，麦克斯韦正全神贯注于气体分子速度的分布及其相关问题。与此同时，开尔文也正用不同的方法集中研究分子的大小。1870年，以熔合的潜热和表面张力为基础，他给出了一个与洛施密特的值十分类似的结果。

但是，到了1895年，马赫和德国科学家奥斯特瓦尔德发起了一次反对原子存在的论战。他们特别地瞄准了玻耳兹曼的工作。他们采用令人极不愉快的战术，试图证明，只有能级才能给出真实的状态，原子的概念是没有意义的。实证主义者们宣称，科学家应该关心的是观测结果，比如，用2体积的氢气和1体积的氧气结合来产生水蒸气，而不必去想水分子是由2个氢原子和1个氧原子组成的这种抽象的东西，因为他们并不能观察到这些原子或分子。面对这种攻击，玻耳兹曼想寻求他的物理学同事的支持来对付这些哲学家和化学家。可是，他未能如愿。1902年，玻耳兹曼试图自杀；1906年，他真的自杀而死了。

然而，恰恰是在1906年，即玻耳兹曼自杀的这一年，爱因斯坦论布朗运动的文章已经发表，而暗示着原子存在的放射性现象也已经得到了很好的研究。有关分子运动论的所有证据都已摆在面前。科学界已开始站在了玻耳兹曼这一边。像其他为科学而献身的事例一样，玻耳兹曼之死，也许是科学进步所必然要付出的沉重代价。

● 阴极射线的奥秘

18世纪30年代前后，人们把电明确地分为两种类型：一种叫玻璃型电，指玻璃经丝绸摩擦后带的电；另一种叫树胶型电，指琥珀经毛皮摩擦后带的电。18世纪中叶，美国科学家富兰克林把玻璃型电叫作正电，把树胶型电叫作负电，把物体上的电的总和叫作这个物体的电荷。他还发现了电荷守恒定律：任何时候电既不能产生也不能消灭，只能转移。所以玻璃棒与丝绸摩擦后，棒上的正电与丝绸上的负电在数值上正好相等，正与负平衡，总电荷仍然为零。

人们最早知道的而且规模也是最大的放电现象当然是闪电。由于闪电的发生没有规则，而且无法控制，所以人们在探索电的过程中，就特意寻找比较容易控制的放电现象。因此，对稀薄气体的放电现象的研究，从18世纪初就受到了人们的重视。

很多人都注意到，当把一个玻璃容器的空气抽走，让气体降到正常气压的1／60时，再把它与一个摩擦生电的电源连接起来，就可以看到容器里出现奇异的闪光。当时人们不理解这种发光的本质，现在我们知道这是电致发光的现象。因为电流通过气体时，定向运动着的电子与气体原子碰撞，电子便把一部分能量传递给了原子，然后这部分能量便被原子以光的形式再放射出来。这种现象在电学史上的重要性不在于放电发出的光，而在于放电的电流。为什么这样说呢？因为只有通过这样的方式才能发现电流的本质。我们知道，当电集中在琥珀棒上，或者电流通过铜导线时，电的性质与琥珀棒或铜导线这些物质的性质混杂在一起，无法单独观察电子的个性。即使在今天，也不可能用比较电化前后琥珀棒的质量的方法，去测量一定数量的电子的质量，因为电子的质量与琥珀棒的质量相比完全可以忽略不计。因此，必须设法把电子从携带它们的物质中完全分开。可见，对气体中放电现象的研究，是朝着这个正确方向迈出了一大步。不过，在1／60大气压下，容器中剩余的空气还太多，对电流的干扰还太大，仍然妨碍观察电的性质。只有把空气抽干净，让电子束流在真空中不受阻挡地穿行，才可能观察到实际情况。因此，真空技术的提高是问题的关键。

1858年，德国的玻璃吹制工人盖斯勒，利用托里拆利真空原理制造了水银真空泵。他用水银柱代替了原来的活塞，不再需要密封垫，并且制成了低压气体放电管。他的真空泵，能够把玻璃管内的气压抽到正常气压的万分之一，这相当于13.3帕压力以下。此后大约30年里，德国科学家普吕克尔、英国科学家克鲁克斯等人，利用盖斯勒泵做了极低压强下气体电传导的一系列实验。在这些装置中，玻璃管内安放了两块金属板，用导线把它们连接在一个强电源上，接电

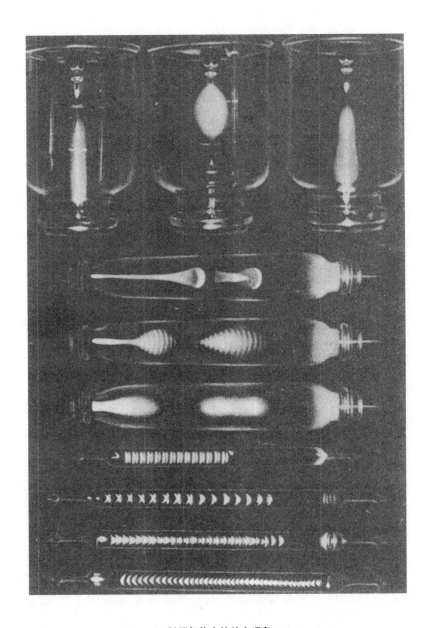

低压气体中的放电现象

源正极的板称为阳极，接电源负极的板称为阴极。他们都发现了这样的异常现象：当真空管中的气压降到66.5帕时，在阴极附近就会出现一段不发光的暗区，并且暗区随气压的降低而扩大。当气压降到1.3帕以下时，则全管变暗，不再放辉光，而在阴极附近的玻璃管壁上却出现绿色的辉光点，辉光的位置似乎与阳极的位置无关。这就好像有什么东西从阴极跑出来，穿过真空，撞在玻璃管壁上，使得管壁发光。由于这种东西是从阴极飞射出来的，所以把它们叫作"阴极射线"，而把这种放电管叫作"阴极射线管"。

阴极射线究竟是什么东西？是光呢？是原子、分子呢？还是阴极电源板上剥落的碎屑呢？它带电呢还是不带电？这一系列问号，激起了各国科学家深入研究的兴趣。在对阴极射线进行了长达近30年的研究中，许许多多科学家先后做了大量实验，导致了19世纪末接二连三的重大发现。例如，1895年发现X射线的德国科学家伦琴，1896年发现放射性的法国科学家贝克勒尔，都是因研究阴极射线而获得了意外的成功。但在对阴极射线本质的理解上，唯有英国科学家汤姆孙捷足先登，其中必有给人以启迪的经验。

● 汤姆孙的成功之路

对阴极射线，英国科学家汤姆孙在1881年是这样猜测的："在真空管中的阴极射线是带负电的微粒子，玻璃发光的原因是由于这种微粒子以极大的动能冲击管壁而引起的。"根据这种猜想，他便利用电场和磁场能使带电粒子偏转的道理，在不同的条件下，比如管内气体不同、阴极材料不同，测量阴极射线的电偏转和磁偏转，并且由此导出射线粒子的速度以及它的质量与电荷的比值。1897年，汤姆孙终于证实了阴极射线果然带负电，并且测定了它的飞行速度和质荷比。

在汤姆孙测量阴极射线的电偏转实验中，电力是由两块平行的带电金属板产生的。我们知道，任何带电物体上所受到的电力都可以表示成物体的电荷和所在位置的电场的乘积。要想测出阴极射线的偏转，就必须设法判定两平板之间射线通道上的电场。汤姆孙刻意选用了长度和宽度都远远大于两板间距的两块金属板，这样就可以不考虑由于金属板不可能无限大而引起的边缘效应，于是大大简化了电场的计算。为了得到射线的质量与电荷之比，汤姆孙进一步测量了磁偏转。由于玻璃管里电场和磁场的量值是已知的，偏转区和漂移区的长度也是已知的，此时取磁偏转和电偏转这两个

英国科学家汤姆孙

公式之比，就得出比值等于磁场与电场之比再与速度相乘这种关系，从而求出射线的速度。然后，把这个速度值代入电偏转和磁偏转的任何一个公式，就能导出阴极射线的质量与电荷之比，简称质荷比。汤姆孙1897年在《哲学杂志》上发表了一系列不同条件下的实验结果。阴极射线的质荷比在各种实验条件下都相当接近，在汤姆孙看来这是一个有力的证据，这足以表明阴极射线是由一种微小的粒子组成的。

根据汤姆孙1897年的实验，绝对无法证实原子里存在更小的粒子。他的高明之处在于，关于未知粒子就是普通物质

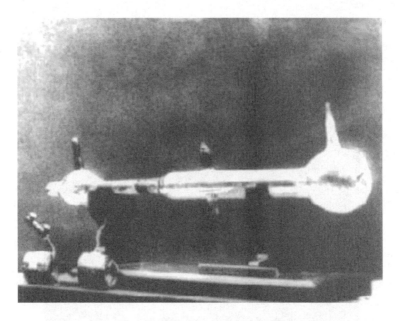

汤姆孙用来测量电子的质荷比的玻璃管

的基本组分这一影响深远的结论，他在一定程度上是凭物理直觉得出的。他自己是这样说的："在阴极射线里物质处于一种新的状态，物质的分割在这里远比在气体状态更甚；所有物质，包括从不同来源如氢、氧等派生的物质，在此状态下都是同一种；这种物质是构成一切化学元素的材料。"汤姆孙在很多年后回忆道："开始只有少数人相信存在比原子更小的粒子。很久以后，一位参加过1897年我在皇家学院的报告会的知名科学家还对我说，他以为我在'诳骗他们'。"

汤姆孙之所以大胆地做出了发现阴极射线粒子这个结论，除了实验上测得的质荷比的普适性给了他启示之外，一个重要的原因是，他继承了从留基伯、德谟克利特到道尔顿的原子论传统，有先见之明地用基本粒子的语言来解释他的发现。事实上，当汤姆孙测量质荷比时，德国科学家考夫曼也在做类似的实验，而且得到了更为精确的结果。由于考夫曼受到马赫及其学派的哲学思想的影响，所以并不认为自己发现了一种基本粒子。因为马赫认为，跟假设的、不能直接看到的像原子那样的东西打交道是不科学的。由此可见，汤姆孙的成功与其有着正确的科学思想有极大关系。

● 人类认识的第一个基本粒子

谁若置身于欧洲核子中心，面对27千米周长的正负电子对撞机，想起汤姆孙用来发现电子的27厘米长的玻璃管，谁都会惊叹科学技术的百年进步，谁都会领悟基础研究的深远意义。在这台正负电子对撞机上，正负电子在27千米长的圆环中加速，能量高达100吉电子伏，对撞后双双湮灭，在极小空间内产生的瞬时能量远远大于恒星里核反应的能量。从这种"微型爆炸"中爆发而出的粒子，与宇宙"大爆炸"开端十亿分之一秒时的情形相似，犹如盘古开天瞬时的绘景。由汤姆孙发现的电子，虽然微小到如今在10^{-17}厘米仍未探测到它的大小，却在粒子物理学、宇宙学、电子学和全球互联网等20世纪新兴的重大科学技术领域独树一帜。很多人把20世纪称做"电子世纪"。若按这种叫法，当年用小小玻璃管发现了

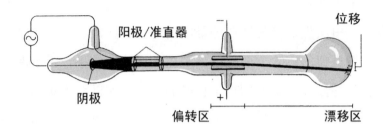

汤姆孙实验装置示意图

电子的汤姆孙，用普通油滴所做的实验测量了电子电荷的密立根，无疑要被尊奉为电子纪元的开创者。100年来在他们开辟的电子世界所产生的硕大无朋而又五彩缤纷的科学之果，不只是令世人瞠目，也远远超出了这两位先驱者的料想。

1897年4月30日，汤姆孙走进英国皇家学院，宣布他发现了一切化学元素的基本组分——电子。"电子"这个名称，是1891年英国人斯托尼为元电荷起的名字。汤姆孙最初把他发现的粒子叫作"微粒"，并按斯托尼的叫法把它所带的电荷叫作"电子"，后来，人们习惯于把粒子本身叫作电子。电子，这个人类认识的第一个基本粒子，不仅打破了道尔顿的"不可分"的原子，而且打破了物质结构的"终极"观念，把科学研究引上了一条出人意料的道路。

汤姆孙1897年发现电子的论文，使美国加州理工学院的密立根深受启发，促使他开始做科学研究工作，并以电子电荷的测定这一使他成名的工作为起点。

电子的电荷首先是由汤姆孙、汤森和威耳逊在卡文迪什实验室的一系列实验中测量的。一个重要的测量方法是汤姆孙的学生威耳逊发明的。威耳逊发现，在湿润空气中的离子，通过尘埃微粒起作用，可以引起水滴生长。这一现象导致了威耳逊云室的发明。在云室里当潮湿的空气突然膨胀时，运动着的带电离子就产生一条条可以看得见的水珠径迹。事实上，水滴可以围绕单个离子形成小水珠，测量了这些水珠的质量—电荷比之后再测出水珠的质量，就可以得到离子的电荷值，从而导出电子的电荷值。上述3人所用的测量方法大同小异，所得的结果大都在1.1×10^{-19}库仑。且不论结果的精确性如何，至少有一点不能令人满意，这就是他们都是从多个离子的测量中，做了统计平均之后而导出电子的电荷值的。

密立根在1908年和1909年发表了几篇论文，他也是通过测水滴来得出电子电荷，只是量值比汤姆孙等人的大15%~30%。1909年8月，密立根出席了英国科学促进会在加拿大温尼伯市召开的年会。在这次会议上，数学物理分会的主席，1908年诺贝尔化学奖获得者卢瑟福，提到了电子电荷实验，并且赞扬了密立根所做的实验。不过，卢瑟福不无遗憾地说，还没有哪种电学或光学方法能直接测得单个电子的电荷，像测 α 粒子那样。卢瑟福一席话，使密立根激动不已。他更确切地得知自己的研究项目乃是物理学最前沿的课题，也是亟待解决的问题。就在从温尼伯市返回芝加哥的火车上，密立根突然来了实验灵感，想到了一个根本性的改进，即用油滴取代水滴。

密立根和他的宇宙线仪器

一回到芝加哥，密立根就立即着手实现他在归途中的设想。他不用从潮湿空气中凝结的水滴，而采用矿物油滴，即所谓"最高级的钟表油"，利用喷雾器喷入他请人特制的空气电容器。这样就减少了液滴表面的蒸发，因此在实验过程中能保持液滴的质量不变。更重要的是，改用油滴实验后，密立根发现此时他能观察单个油滴而不是一团云雾；当垂直电场接通和撤掉时，能跟踪油滴的运动，观察它漂上漂下往复多次的情形。对于油滴接连不断地上升和下降，每次都可以从其上下的速度推算出油滴的电荷值。

通过多次重复油滴实验，密立根得到电子电荷的平均值是1.592×10^{-19}库仑，实验上的不确定性约为0.3%。这比当时电子电荷的所有直接测量值或间接测量值都精确得多。更重要的是，这种跟踪油滴多次上升和下降的测量方法，使人能观察到油滴获得或失去数目极少的电子，有时甚至少到1个电子。汤姆孙等人在卡文迪什实验室所做的测量，实际上只能确定水蒸气云雾中的液滴的离子电荷的平均值。这就留下了一种可能性，即单个离子或单个电子的电荷值可以处在一个相当大的范围内。而在密立根的实验里，排除了这种大范围的可能性，每次当油滴获得或失去电荷时，在百分之一左右的精度内它总是同一基本电荷的整数倍。有了电子的电荷值之后，就可以计算其他原子参量。例如，从已知的电子的质荷比，约为0.54×10^{-11}千克／库仑，就可以计算出电子的质量约为9×10^{-31}千克。密立根的历史功绩，就在于以巧妙的方法和确凿的数据，证实了基本电荷的存在，或者说揭示了电荷量子化这一概念。这个极其重要的概念，经过20世纪物理学的严格检验，被证明是完全正确的。

二、量子世界的曙光

● 莫名其妙的量子

谁都有这样的经验，在夏天穿黑色衣服比穿其他颜色的衣服要热一些。这是因为黑色衣服比较容易吸收而较少反射太阳辐射的光和热。我们看得见的照射在我们身上的光线，那只是太阳辐射热量的一部分，还有一部分热量也同样传递给了我们，却让我们不知不觉，那是肉眼看不见的热射线或者叫红外线。因为不论物体是发光还是发热，都同样是传递热量的辐射过程，所以科学家把它们都叫作热辐射。我们凭经验已经知道吸收和反射热量的本领与物体的颜色有关，那么，黑色物体与热辐射有什么特殊的关系呢？

我们知道，物体越加热，它发的光就越亮，光的颜色也随着温度的增加而改变。有经验的炼钢工人能够根据一根炽热铁管的发光颜色，非常准确地说出铁管的温度。他会说，暗红色意味着温度大约500摄氏度，等变到橙黄色的时候大约有800摄氏度，明亮的白色就有1000摄氏度以上了。这里说的自然是可见光，即用肉眼可以看见的光。可见光的波长介于0.39微米到0.76微米之间。波长在这个范围之外的光，都是不可见光，它们有着各自的名称。波长长的，从0.76微米到1毫米左右的，叫红外光，从1毫米到1米的叫微波，而超过1米的则叫无线电波；波长短的，从0.39微米到0.04微米左右的，叫紫外光；波长更短的，从10纳米（10^{-9}米）到10^{-6}纳米的，有个响亮的名字叫X射线或X光；比X光的波长还要短的光，也有个特别的名字叫伽马射线（γ射线）或伽马光。对这些不可见光，可以用光学仪器检测到它们。所有的光，可见的、不可见的，都是电磁波。

对于一个光源或者一个热源，例如一支蜡烛或者一炉煤火，它们总会辐射着光或者热。大家知道，力学有力学的规律，电磁学有电磁学的规律，那么，物体的热辐射有什么规律呢？在19世纪后期，科学家们就想把这个规律找出来。由于世界上的物体形形色色，热辐射的条件也各式各样，如果没有个标准物体来作衡量的尺度，那就没法说精确。结果，科学家们就选了黑色物体作为标准物体。

为什么选黑色物体作标准呢？因为黑色物体对光和热或者说热辐射，吸收的多，反射的少，这样就容易把它加热到比较高的温度。反过来，当黑色物体成为一个高温热源时，它的热辐射强度即每秒辐射的能量也比同样温度下其他物

体的都大些，这样，其他物体的热辐射情况就可以同标准物体作比较。既然是作为"标准"的东西，那它本身就应该标准。于是，人们为此设想了一种最黑的黑色物体——一个能完全吸收而几乎不反射的特殊箱子。箱子的内壁装有一排排肋状隔墙，整个内部涂抹了漆黑的煤烟，只留一个小孔让光线进去，光线几乎只能进不能出。这个能把进去的辐射能量全部吸收的箱子，就是科学家们理想的"黑体"。

如果对这个箱子加热，从那个小孔发出来的辐射就可以看成理想黑体的辐射。只要测量小孔中的辐射情况，就可以通过实验手段来研究黑体的辐射。黑体辐射实验在物理学的发展史上占有重要地位，它暴露了旧物理学（或叫经典物理学）的严重困难，这恰恰促成了量子论的诞生。让我们看看这种实验究竟暴露了什么。

19世纪后期，人们积累了黑体辐射实验的很多资料，并从中发现了一些规律。例如，1879年，斯特藩总结出黑体辐射的能力与黑体温度的4次方成正比。这一关系在1884年被玻耳兹曼从电磁学和热力学理论上加以证明了。此外，科学家们还发现辐射能力与黑箱子的形状、大小和材料无关，只与箱子里面的温度和辐射的波长有关系。根据实验资料，人们画出了在一定温度下辐射能力与波长关系的实验曲线。于是，科学家们进一步的任务就是，从理论上加以论证并解释实验结果。

人们根据热力学定律，可以证明黑体辐射的能力的确与黑箱子的物理性质无关，也可以得到辐射能力与温度和波长

什么是维恩位移定律呀？

维恩位移定律是说，在热辐射中，随着黑体温度的升高它所发射的最亮光线的波长将会变短，并向紫色光区移动。

汤姆孙实验装置示意图

之间的大致关系。可是，物理学是一门精确定量的科学，仅仅得到个"大致"关系是不够的。在此节骨眼上，一位在理论和实验上都颇有造诣的德国科学家维恩，把这个大致关系向前推进了一步，他得到了一个更为具体的公式。当时维恩是在亥姆霍兹任所长的德国帝国技术物理研究所里工作，他们开展了许多有关热辐射的实验。维恩得到的研究结果认为：随着黑体温度的升高，它所发射的最亮光线的波长将会变短，并且会向紫色光区移动。

维恩知道，要想得到非常具体、并能完全说明实验曲

线的黑体辐射公式，光凭热力学是不够的，还必须对发射和吸收的机理做些假设。做了些假设之后，维恩在1896年把他原来的公式具体化，提出了一个辐射公式，后来叫作维恩公式。不过，维恩公式只在短波区域即高频区域（波长与频率成反比）与实验符合，在长波区域则与实验偏离较大。而英国科学家瑞利和金斯也提出了一个辐射公式，后来叫作瑞利—金斯公式。与维恩公式相反，这个公式在长波区域，即绿光、黄光、红光区域，才与实验一致，而在短波区域，即接近蓝光、紫光、紫外光时，就与实验不相符。更为严重的是，随着波长的缩短，即向紫外区域延伸时，辐射能量竟会变得无限大，或者说能量是发散的。这个能量无限大的荒谬结果，出现在紫外区，所以叫作"紫外发散困难"，或者叫"紫外灾难"。可见，不论是瑞利—金斯公式还是维恩公式，都只能部分地解释黑体辐射实验，而且彼此冲突。1914年诺贝尔物理学奖获得者马克斯·劳厄是这样评价维恩的："他的不巧的业绩在于引导我们走到了量子物理学的大门口。"

既然到了大门口，就必有撞门人。这个撞门人，就是德国柏林大学的科学家普朗克。

● 向经典物理学发起挑战

为了给陷入困境的黑体辐射理论找一条出路，普朗克以无比的毅力和忘我的激情投入了这项研究。像不少人做过的那样，他仔细检查了维恩公式和瑞利—金斯公式在推理上的所有环节，仍然没有发现任何错误。于是，他只好开始新的尝试，看看用新的模式能不能得出一个能解释实验的正确公式。一个又一个的新模式被他建立了起来，却一个又一个地被他自己推翻。所有企图推出正确公式的努力，最终都毫无结果。

1900年10月的一天，普朗克在万般无奈的情况下，根据实验资料和理论推导中积累的经验，"凑"出来一个辐射公式。这个公式不仅与实验曲线符合得极好，而且能把维恩公式和瑞利—金斯公式衔接起来。当波长较短时，它可以回到维恩公式；当波长较长时，它可以近似到瑞利—金斯公式，而且避免了紫外灾难。这是何等美妙的公式，又是何等意外的收获啊！

普朗克虽然很快就向德国物理学会报告了这个公式，但他无法向人解释公式的物理意义，因为在这个凑出来的公式中，有的量值在物理上究竟是指什么，他说不出个所以然

德国科学家马克斯·普朗克

来。于是，普朗克接着琢磨，想从物理学的一些基本理论推导出他的公式。然而，不论他用什么方法，这个无疑是正确的公式却总是找不到理论根据，怎么也推不出来。这是为什么呢？百思不得其解之后，普朗克便用反推法来推，就是从他的公式出发往回反着推理。反推到最后，他终于发现了一个不同寻常的东西。原来，在他的公式中隐含着一个稀奇古怪的假设，即量子化假设，它要求黑体辐射的能量不能取连续的值，而必须是一份一份的，每一份都是某个最小的能量单元的整数倍。

能量是物理学家最熟悉的东西了，无论是动能还是势能，都是连续变化的，这已为千百年来无数的事实所证明。有谁看到过马路上跑的车辆的动能，会突然从一个数值跳到另一个数值而中间没有过渡？又有谁看到过瀑布降落时，水的势能的变化不是连续的，而是间断成一段一段的呢？

光和热的能量居然不是理所当然地像水一样地连续流淌，而像连珠炮似地有间断地发射。这个量子化假设着实让普朗克大为惊讶。这是所有的传统观念都容不得的啊！

然而，如果放弃这个奇怪的假设，就等于放弃与实验事实精确相符的辐射公式；如果坚持这个假设，就要推翻一个习以为常和天经地义的能量连续概念，等于向整个经典物理学挑战。在这两难之地，普朗克对自己的量子假设虽然也有疑虑，但还是明了它的重要性的。有一次在柏林郊外散步时，他情不自禁地对年仅6岁的儿子埃尔温说，如果世界真像他想的那样，那么，他的发现会同牛顿的发现一样重要。因此，1900年12月14日，普朗克在德国物理学会的例会上大胆地提出了量子假设，并有条有理地论证了他的黑体辐射公式。这个公式后来被叫作普朗克公式，"能量子"中的常数则被叫作普朗克常数。能量子假设的提出，具有划时代的意义。后来人们把1900年12月14日看作是量子物理学的诞生日。

● 光究竟是什么

光究竟是什么？几百年来科学家们用科学方法对这个问题做了不懈的探索。早在17世纪，著名科学家牛顿说光是微粒，是一群按照力学规律高速运动的粒子流；而与牛顿同时代的荷兰科学家惠更斯则认为光是波动，是像水波一样向四

周传播的波。对光的这两种截然不同的看法，人们争论了100多年，双方相持不下，有时微粒说占上风，有时波动说占上风。但到了18世纪，情况就起了变化，波动说开始占主导地位。这是因为，科学家们从实验中发现了光的干涉现象，对这个实验现象，用波动说很容易说明它，而用粒子说却无法解释。

什么是干涉现象呢？我们可以做这样一个对比：当我们在房间里点了一盏灯之后再点一盏灯，四壁的亮度只会均匀地增加；可是，假如我们用一束单色光（同一频率）从一个遮挡屏上的两个针孔中穿过去照到墙上，那么墙壁上就不是均匀地被照亮，而是形成像斑马似的明暗交替的条纹，这种现象就叫作干涉现象。光的干涉现象充分证实了光的波动性质。

到了19世纪后期，波动说更是独领风骚。这是因为苏格兰科学家麦克斯韦在1861年建立起电磁学理论，并预言光是一种电磁波。这个预言在1887年被德国科学家赫兹的实验证实了。20世纪初，光的波动说已有着理论和实验两方面的坚实基础。可是就在这时，科学家们却发现了一个用波动说无法解释的现象，这就是光电效应。

什么是光电效应呢？简单讲，就是光照到金属上打出电子的现象，或者说，是紫外光的照射使电子从金属表面逸出的现象。这个现象最早是赫兹在研究电磁波时发现的，并在1887年发表的"论紫外光对放电现象的效应"这篇论文中作了描述，到了1902年又被勒纳的实验所证实。这一实验现象也让经典物理学无法解释。从光的电磁波理论来看，必然要得出这样三个结论：第一，只要光足够强，任何波长或频率的光都能打出电子来；第二，光照射大约1毫秒后才能打出电子；第三，被打出的电子的能量只与光的强度有关而与波长无关。可是，这三条都与实验观察到的结果不符合。实验发现：第一，再强的可见光也打不出电子来，必须用一定范围波长的光例如紫外光才行；第二，只要所用的光合适，一经照射就能打出电子，所需时间至多为10^{-9}秒左右；第三，被打出的电子的动能只随光的波长而改变，却与光的强度完全无关。光电效应实验说明，光不仅仅具有波动性。

光的粒子性和波动性真是格格不入、水火不容吗？真是要么粒子要么波，非此即彼吗？为什么不能既是粒子又是波呢？当时尚在伯尔尼瑞士专利局当审察员的爱因斯坦，以独特的研究风格冲出传统观念的束缚。他沿着与普朗克1900年提出的"能量子"概念既有联系又有区别的推理线索，把一种"非常革命"的新思想引进了物理学。这就是他的光量子假设。

在1905年发表的"关于光的产生和转化的一个试探性观点"这篇论文中，他认为，光是由能量子组成的，以光速运动并具有能量和动量的粒子就是光子，或者叫光量子。根据他在同一年发表的狭义相对论，以光速运动的物体，静止质量为零，所以光子是没有静止质量的。

有了光量子的概念，就很容易解释光电效应。这个效应可以很直观地看作是金属中的电子吸收光子而获得动能的过

程。对于固体金属（气体和液体也能产生光电效应），当金属内部的电子吸收了光子而形成光电子时，光子的能量一部分消耗在电子逸出金属表面所需要的功（叫作逸出功）上，余下部分则转换成了光电子的功能。每个光子的能量等于光的频率与普朗克常数的乘积。根据爱因斯坦光电效应方程，电子的最大动能定义为电子电荷与光电子逸出金属表面所需要的最小电压（叫作遏止电压）的乘积，它与光的频率成线性关系，而与光的强度无关。因此，只有当光的频率大于或等于与光电子的逸出功有关的某个值时，才能产生光电效应。这样，原来无法解释的波长问题，现在就很容易解释，因为电子要想跑出去，就得一次性吃个足够"胖"（相当于短波）的光子，才能获得起码的动力，否则，吃"瘦"光子（相当于长波）的个数再多也没有用。这个新奇之点，正是量子世界的普遍现象。

在爱因斯坦的描绘下，使人们得到了这样一种印象：光似乎是一群"光子雨"，光的颜色反映出"雨点"的力量。雨霭茫茫，多像烟波；点点滴滴，多像颗粒！原来，光有着波粒二象性，它既是粒子，又是波！

光的波粒二象性理论虽然很好地解释了光电效应，却没有及时地得到普遍承认。这个革命性理论就像爱因斯坦同年发表的狭义相对论一样，受到了很多科学家的怀疑。这种怀疑态度一直持续到1914年，这年密立根的光电效应实验给出了肯定的结果。

　　科学家们在检验爱因斯坦的光电效应方程的时候，主要困难在于电极表面有接触电势差存在，真空管表面的氧化膜也会影响实验结果，因为要测量的是纯粹由不同频率的光照射下引起的非常微弱的电流。密立根为了能在没有氧化膜的电极表面上同时测量真空中的光电效应和接触电势差，特地设计了一个里面安装了精致设备的真空管。他选择了6种波长不同的单色光，分别测量不同电压下的光电流，根据光电流与电压的关系，求出在某个波长的光照射下的遏止电压。他得到的遏止电压随光的频率变化的实验曲线，正好是一条体现了爱因斯坦光电效应方程中的线性关系的漂亮直线。

光子雨

他还根据直线的斜率求出了普朗克常数的值，与普朗克1900年从黑体辐射公式求出的值（6.55×10^{-34}焦耳·秒）极其符合。正是由于密立根所做的这一精确可靠的实验，才使得光量子理论开始得到人们的承认。密立根一贯强调精确测量这类工作在科学中的促进作用。他认为，只有根植于精确的实验，科学才能稳步前进，才能建立在"比金字塔还要牢固、还要持久的基础之上"。

光的波粒二象性的提出，为后来德布罗意物质波理论和量子力学的建立奠定了不可或缺的基础。量子论这种观念上的突破，是导致物理学重建大厦的大突破。

波粒二象性

● 玻尔理论的诞生

　　自从1897年汤姆孙发现电子是各种原子的共同组分以来，人们就开始探索原子的结构，建立了各种原子结构模型。卢瑟福最初并没有明确地提出原子的有核模型，他只是根据α粒子大角度散射的实验结果判定，原子内部的正电荷必定集中在中心位置。只有这样，才能解释为什么比电子重几千倍的带正电荷的α粒子会以很大的概率被原子反弹。但是，从麦克斯韦的经典电磁理论来看，如果正电荷集中在原子中心，带负电荷的电子就不能稳定地在原子的外层轨道上运动，也就是说，在这种情况下，电子在绕中心运动的时候就应该产生光辐射而消耗能量，从而缩短其旋转周期，其旋转轨道就会越来越小。于是，在经历一条螺线轨迹之后，电子最终会落在原子核上，整个原子就会塌陷，所对应的光谱应该是一个连续光谱。按照卢瑟福的观点，氢原子是一个体积极小的带有单位正电荷的核和一个带有负电荷并在核周围的轨道上运动的电子组成的。这显然不符合经典理论的稳定性要求。卢瑟福的有核原子模型一提出就遇到了这么严重的问题，那么究竟是卢瑟福的模型错了，还是麦克斯韦的经典理论在此不适用了呢？

欧内斯特·卢瑟福爵士

丹麦物理学家玻尔对这项研究很有兴趣，他既钦佩根据实验结果能大胆地做出原子有核这种判断的卢瑟福，又了解该模型所面临的难以克服的困难。于是他表示愿意到曼彻斯特大学作访问学者，卢瑟福欣然同意。1912年春天，玻尔到卢瑟福实验室工作了4个月，参加了α粒子散射的实验工作，但他的主要工作还是理论研究。玻尔坚信有核原子模型是符合客观事实的，而麦克斯韦的电磁理论在此并不太适用。天才就是突然间萌生一个能对某一领域做出解释的新想法，或是突然间意识到一个新现象即将出现的预知感。此刻，玻尔认为要解决原子的稳定性问题，应该采用量子假说。早在他做博士论文过程中初次受到普朗克的量子论的启发时，他就认识到处理原子尺度的问题，经典理论往往会得到与实际不符的结论。现在他进一步体会到，要描述原子现象，就必须对经典概念进行一番彻底的改造。

其实，在玻尔之前，已有一些科学家想到过用量子假说来描述原子结构。奥地利的哈斯曾就此做了最初尝试，但他的结果是十分粗略的。后来，英国的尼科尔森也试图把量子假说中的普朗克常数引入原子模型，但他只是照搬了普朗克的振子概念，认为辐射的光频率就是振子的振动频率，即原子以什么频率振动就以什么频率辐射。所以他对原子光谱的解释是不可能成功的。玻尔仔细分析了这些设想以及其中存在的问题，力图能为有核原子模型的稳定性问题找出解决办法。

1913年初，玻尔已返回哥本哈根。正当他冥思苦想之际，一个学生朋友汉森问他准备用这个模型对光谱作什么样的解释。当玻尔说对这个问题他什么也说不上来时，汉森向他介绍了氢光谱的巴尔末公式，这是瑞士的一名中学数学教师巴尔末从氢光谱线的频率中总结出来的。汉森建议玻尔认真考虑这个事实。另外，玻尔还从德国科学家斯塔克有关价电子跃迁产生辐射的思想中得到启发。许多年以后，玻尔回忆说："当我看到巴尔末公式时，一切都豁然开朗了！"

于是，光谱系、量子假说和原子核式模型这三方面的问题在玻尔睿智的大脑中有机地结合在一起，终于得出了明确的答案。就在1913年，玻尔在卢瑟福核式原子模型的基础上运用量子化概念，提出了定态跃迁原子模型理论。他假设绕核运动的电子有许多可能的轨道，电子不能

神秘的电子跳跃

从一个轨道"平滑"地进入另一个轨道,而只能"跃迁"过去。当电子绕原子核在轨道上旋转时,并不会像经典电磁理论预言的那样发光,只有当电子从一个较高能量状态的轨道跃迁到另一个较低能量状态的轨道时才发光。这样辐射出来的能量就是一个量子。如果电子原来就处在最低能量状态的轨道,那么它就不会跃迁了。除非外面给它能量,使它从最低能量状态轨道跃迁到较高能量状态的轨道。这时,它不但不发光,相反还要吸收特定能量的光。在玻尔的原子模型中,轨道是"量子化"的,电子在同一条轨道上运动时是不会失去能量的,因此原子也就不会塌陷,并且,原子的光谱也不会是连续谱。

玻尔把论文原稿从丹麦寄给卢瑟福。根据常识,卢瑟福马上就发现了玻尔理论中的一个严重问题:即一个电子必须事先知道它要跃迁到哪一条轨道。这是多么不可思议!另外,卢瑟福在给玻尔的信中曾随意地提到,他认为论文篇幅有些长,正准备进行压缩。没想到玻尔马上乘船来到了曼彻斯特大学,针对卢瑟福的意见逐条进行了辩解,直至获胜为止。卢瑟福不仅比玻尔年长而且学术地位也很高,而玻尔本是一位举止斯文、态度温和的学者,一向对卢瑟福很有礼貌也十分尊重,但是玻尔为了捍卫原子理论所表现出的固执却令卢瑟福感到出乎意料!当然,尽管认为玻尔的理论尚不成熟,卢瑟福还是把它交给了《哲学杂志》,这就足以表明卢瑟福认为这一理论是有价值的。在瑞士,苏黎世的施特恩和

劳厄在研究了玻尔的论文之后说，如果该论文竟然会被意外地证明是正确的话，他们从此就不再搞物理学。而在德国的格丁根则与之相反，科学家德拜和索末菲热烈赞同玻尔的论文，索末菲还明确地对法国科学家布里渊说，这是一篇具有历史意义的杰作。当听到亥维塞讲述玻尔的工作时，爱因斯坦也同样兴致勃勃。

玻尔的原子理论解释了氢光谱的频率规律，阐明了光谱的发射和吸收，使量子理论取得了重大进展。另外，玻尔的理论还在预言一些新谱系特别是氦离子光谱方面显示出特有的效用。可以说，玻尔理论是成功的。但是，玻尔本人却意识到它存在的严重不足之处，他知道这充其量只能代表一种完备的理论被发现之前的一种过渡。正如他自己在获得诺贝尔物理学奖的演说中提到的："事实上，我的努力在于说明原子理论的发展如何对广阔的研究领域的分类做出了贡献，原子理论如何为完成这个分类指明了道路。然而，似乎无须强调，原子理论还处在很初级的阶段，还有很多具有根本性的问题尚待解决。"

玻尔的原子理论并没有完全摆脱经典理论，比如，其中所保留的"轨道"就是个经典概念，它只是一种半经典半量子化的理论，还很不完善。但是，这却迈出了从经典理论向量子理论发展的极为关键的一步。而且，这一理论将光谱学、量子假说和原子核式模型这几个相距较远的物理学研究领域联系在一起，为现代物理学指明了正确的研究方向，是原子理论和量子理论发展史中的一个重要里程碑。可以说，它对物理学发展的价值甚至超过了这一理论本身。玻尔也因为这项科学成就而获得了1922年的诺贝尔物理学奖。

由于理论和实验方面的发展，玻尔的原子理论具备了其产生的客观条件。然而在同样的物理背景之下，只有玻尔是杰出的！他的独到之处在于，他能够全面地继承前人的结果，正确地加以综合，特别是在旧理论和新的实验事实之间，敢于肯定实验事实，突破旧观念提出新见解，从而获得了成功。玻尔也由于在理论物理学前沿的出色成就，而在国际物理学界赢得了崇高的声誉。

在玻尔理论提出之初，人们带着怀疑的目光看待这新奇的原子理论，怀疑它的正确性。然而在1914年，科学家弗兰克和赫兹却以令人信服的实验证明了玻尔预言的原子稳定态的存在，这是当时除光谱学之外关于原子稳定态存在的最直接、最有说服力的实验证明。

实际上，这时玻尔理论已经诞生。但是由于战争等原因，弗兰克和赫兹对玻尔的新理论并不甚了解，因此他们说他们的实验结果与玻尔新理论不相符。到了1915年，还是玻尔用自己的理论对弗兰克—赫兹实验做出了正确的解释。这样，又经过了玻尔的再诠释，弗兰克—赫兹实验的真正意义才得到充分揭示。而弗兰克和赫兹直到1919年才识得玻尔理论的真谛，表示同意玻尔对他们的实验的正确解释。

弗兰克在他的诺贝尔奖获奖演说末尾谈到："我占用了

1922年前后的尼尔斯·玻尔

大家的时间，叙述了我们所作的一部分工作中的许多错误以及我们在一个科学领域中所走的弯路，而这个领域中的康庄大道已经由玻尔理论所开辟。后来我们认识到玻尔理论的指导意义，一切困难才迎刃而解。我们深知，我们的工作之所以会获得广泛的承认，完全是因为它和普朗克，特别是和玻尔的伟大思想和概念有了联系。"从1919年起，玻尔的远见卓识和诚恳谦和曾经不止一次地震惊和感动了弗兰克。他说，有时甚至是在一种很新的细节概念上，他自以为有所发现，得意地和玻尔一谈，才发现玻尔早就想清楚了。当时许多科学家都把玻尔理论看成科学真理，而玻尔本人却始终能对自己的理论给予恰如其分的评价。这些都给弗兰克留下了深刻的印象，直到晚年，他还保持着对玻尔的"英雄崇拜"。他说，和玻尔那样的人不能在一起待得太久，不然你就会觉得他无所不知而对自己的无能感到灰心丧气。弗兰克的好朋友玻恩就曾提到，在格丁根时，他和当时任格丁根大学教授和第二实验物理学研究所主任的弗兰克常常讨论各种科学概念和实验设想。有时玻恩发现，一个问题明明几天前就已经讨论清楚了，可弗兰克却迟迟不动手做实验。问他为什么，弗兰克说已经写信去问玻尔了，在收到玻尔的回信之前他不能动手。更值得一提的是，在1933年，为了抗议希特勒反对犹太人，弗兰克公开发表声明辞去教授职务，离开德国去了玻尔所在的哥本哈根。连弗兰克这么有名的物理学家都对玻尔如此敬重，可见玻尔确实非同小可！

● "最伟大的发现者"

玻尔的声望很快就传开了，世界各地的讲学邀请纷至沓来。1920年，玻尔应普朗克之邀访问了德国柏林，第一次会见了普朗克、爱因斯坦等人，给柏林的科学家们留下了很好的印象。后来爱因斯坦在写给玻尔的信中说："世界上不常有这样的人，仅是由于他的出现，就能像你一样使我如此快乐，现在我才明白为什么埃伦菲斯特这样喜欢你。眼下，我正在研究你的几篇重要论文，在此过程中——每当我在什么地方遇到困难时——看到你那年轻的面容出现在我的面前，你微笑着，正在讲解……心里就会感到高兴。"可以说，玻

尔所到之处无不受到人们的欢迎和爱戴，人们称道的不仅仅是他光辉的科学思想，更重要的是他的人格魅力。

1921年，玻尔执教的哥本哈根大学为他创立了理论物理研究所，请玻尔担任所长。于是，在玻尔周围很快就聚集了一批生机勃勃的优秀青年科学家。这一方面是由于玻尔20世纪20年代初在科学前沿取得的成就受到赞誉，另一更重要的方面是由于玻尔人品高尚，他的为人之好是科学界所公认的。玻尔在科学工作中所采取的是一种非常奇特的方式，他的工作习惯是边想边讲，再加上没完没了的讨论。采用这种方法，他在交谈的同时便形成了他的科学思想。狄拉克、海森伯、泡利、伽莫夫、朗道、奥本海默等许多人都相继跟随过他，这些人后来都成了著名科学家。在一次国际物理学讨论会上，狄拉克谈到玻尔时是这样说的："在他边想边说的时候，我常常只是他的一名听众。我非常钦佩玻尔。他似乎是我有生以来遇到过的最深刻的思想家。他的思想，我要说，哲理性是极强的。尽管我曾竭力要弄懂它们，却不甚理解。我自己的思路，实际上是侧重于能用方程式来表达的想法，玻尔的大部分思想其特点则更具普遍性，同数学相距甚远。但是，同玻尔保持密切联系，我依然感到高兴。正像我以前讲过的那样，我不能确定，聆听玻尔的所有这些想法，对我自己的工作影响到了什么程度。"玻尔喜欢与人讨论问题，更为可贵的一点是，他不怕在年轻人面前暴露自己的弱点。同时，在讨论中，他很善于引导年轻人正确地思考问题，凡是与他交流、讨论甚至激烈反对他的理论的人都能从中受益，他常以最友好的态度对待反对他的理论的科学家。一次，海森伯听了玻尔的报告后提出了一些不同意见，会后玻尔邀请他一起散步并继续讨论这些问题。海森伯回忆说："这次讨论对我今后的发展显然产生了决定性的影响。"他认为自己真正的科学生涯是从这次讨论开始的。

在创立量子力学的过程中，玻尔这位核心人物曾起过重要作用。哥本哈根是当时最重要的几个理论物理研究中心之一，在那里，玻尔不仅自己坚持从事理论研究，而且他鼓励大家去思索，在他自己的研究所中培养起勤学好问的治学精神和批判性继承的探索方法，这使得来自许多国家的一大批最富有创新精神的青年科学家受益匪浅。和爱因斯坦一样，玻尔也特别重视基本的物理思想，而认为数学表述的重要性只属第二位。据说当人们摆出一大套复杂的数学公式时，他的思想就会"跟不上"，因此，玻尔常常自称是一个"业余理论物理学家"。在哥本哈根，就是这位"业余理论物理学家"的科学思想、人格魅力以及他的殷勤好客，使来自世界各地的优秀青年群英荟萃一堂。玻尔的风格时时刻刻地影响着他们，自由热烈的科学气氛造就着他们，层出不穷的科学成果鼓舞着他们。在20世纪20年代，年轻的科学家都渴望能到哥本哈根工作一段时间，目的就是向玻尔当面讨教。那时，到玻尔的研究所工作一个月以上的学者就有63

"最伟大的发现者"

人，他们分别来自17个国家。包括玻尔在内，这些人中共有10人获得了诺贝尔物理学奖。这样一来，以哥本哈根理论物理研究所为中心，以玻尔为首，以海森伯、狄拉克、玻恩、泡利等科学家为主要成员的一个群体，就形成了著名的哥本哈根学派。这一学派为量子力学的形成和发展做出了突出的贡献，对20世纪整个科学的进步起到了难以估量的促进作用。

在哥本哈根，玻尔在他的研究所里还举行过一系列小型的非公开年会。每次他邀请大约30位有名的科学家出席会议，海森伯、泡利和施特恩这3位更是每次必到。除此之外，玻尔还邀请来自世界各地的许多朝气蓬勃的年轻科学家参加，这样就为会见有作为的青年学者，同时也为他们了解哥本哈根、相互结识提供了机会。这类会议搭起了一座长桥，使得一代又一代的科学家之间相互沟通、联系紧密、友谊深长。

在纳粹分子猖狂的年代，许多犹太科学家被迫离开祖国，到国外谋生，玻尔对这些"流亡学者"给予了最积极、最有效的援助。在这种情况下，哥本哈根会议成了为这些"流亡学者"寻找工作的大好机会。玻尔具有广泛的国际联系，在科学界又享有崇高的威望，这一切都有助于他出色地履行这些义务，而且他还为流亡学者和新雇主带来了很大的共同利益。在二战期间，玻尔本人也曾有过奇异经历。玻尔有一半的犹太血统，1943年他得到德国驻哥本哈根大使馆官员杜克维茨的警告：针对丹麦犹太人的一次行动正在策划之中。受这次行动威胁的人准备集体出逃。杜克维茨和其他一些勇敢的"德奸"已设法使德国巡逻队不予阻止。在一个浓雾密布的夜晚，玻尔乘一艘超载了的敞篷渔船横渡厄勒海峡到了瑞典。不久他又被一架能飞得很高的小型英国军用飞机秘密地带到了伦敦。有人传说，在飞行中玻尔被装进飞机的炸弹舱里，这样，在遇到敌方飞机时，就可以被当作炸弹从北海上空扔下来逃生而不会落入德寇的魔掌之中。当飞机在

高空飞行时，他因为全神贯注思考一个科学问题而忘了及时戴上氧气面具，这竟使他晕了过去。他失去知觉后，整个机组人员都担心他会死去。

后来，玻尔又到了美国。一想到几十万人遭到厄运，世界上首屈一指的哥本哈根研究所已夷为平地，往日的大批合作者沦落四方，这一幕幕触目惊心的景象无一不让玻尔痛心。二战的最后两年他是在英国和美国度过的，在那里他和许多科学家一起参与了研制原子弹的曼哈顿工程。但是不久，他就开始考虑发展原子武器的政治后果。战争的阴影还未散去，他却迫使自己的感情屈从于理性。这是由于玻尔意识到，美国决不可能长期垄断原子弹，一种如此重要的武器掌握在一个国家手里，就会造成对世界各国的威胁，美国的垄断只能是对其他国家的挑衅。由此玻尔预见到了战后不可避免地要出现核军备竞赛，而且这将是极其危险的。他认为，对原子弹问题如果不采用国际性解决办法就会带来不堪设想的危险，只有靠监督和谅解，才有可能解决国际关系的新问题。而且，广泛的国际科学合作也许将对此有所帮助，几年来的为共同的人道主义而努力的这种合作，正展示了这种希望。于是，玻尔迫切地想同罗斯福和丘吉尔谈一谈，因为合作发展核武器就是他们决定的。他试图说服这两位政府首脑洞察民心：对战后政治发展的希望而言，人们要求在战争结束前就对未来的原子物理学做出原则性的决定。玻尔尽了一切努力，同这两位政治家谈了话。但非常遗憾的是，这种努力并没有取得什么结果。后来，他致力于原子物理的和平利用，提倡原子能的发展应在各国之间完全公开。1950年6月9日，他在《致联合国的公开信》中提出了自己的主张。

1937年5月玻尔曾携夫人访问中国并游览了长城，对中国的文化留下了深刻的印象。1947年，丹麦国王决定授予玻尔宫廷勋章，请他本人亲自设计图徽。令人惊讶的是，玻尔决定采用中国古代的"太极图"，因为这可以形象地表示他的互补思想。到了晚年，玻尔的兴趣已大大超出了物理学，但他和夫人仍是那么诚挚、好客，与世界社会的各界人士保持着极其友好的关系。1962年11月18日，78岁的玻尔与世长辞。

随着物理学的发展，玻尔半经典的原子理论早已被新的量子理论所取代，然而玻尔对物理学以至整个科学发展所起的作用却是永不磨灭的。这正如科学泰斗爱因斯坦所评论的："作为一位科学思想家，玻尔之所以有这么惊人的吸引力，在于他具有大胆和谨慎这两种品德的难得的融合；很少有谁对隐秘的事物具有这样一种直觉的理解力，同时又兼有这样强有力的批判能力。他不但有关于细节的全部知识，而且还能始终坚定地注视基本原理。他无疑是我们时代最伟大的发现者之一。"

原子弹蘑菇云

● 新奇的物质波

古今中外，把人生比作波的诗歌数不胜数。1929年12月11日，在给物质波的发现者德布罗意授奖的仪式上，诺贝尔物理学奖委员会主席奥西恩无限感慨地说："如果诗人们把'我们人生是波'进而改为'我们是波'，那就道出了对物质本性的最深刻的认识。"

我们最熟悉的波要数水波。把一块石头扔进池塘里，马上就可以看到由石头激起的波浪向四周传播，水面呈现高低相间的波峰和波谷。细心的人会发现，在石头落水的地方，水本身并没有流走，只不过在做上下的运动或者说振动，而这种运动状态却随波漂流。实际上，水波是人们在日常生活中唯一能直接看到的正在运动的波。

声音也是一种波动，它能在水、空气和固体中传播。水波是靠水产生和传播的振动，那么声波是靠什么传播振动呢？它靠的是水分子、空气分子和固体物质中的原子，它们是传播声音的媒介物质，通常简称媒质或介质。一般来说，如果没有这些媒质，声音就会消失，在真空中就没有声音。大家都有这方面的经验，在门窗关得很严实的汽车里坐着，外面有人冲你大喊，你什么也听不见。这就是因为声音

无法通过空气传到你耳中的缘故。在月球上由于没有空气，宇航员听不到火箭发动机的隆隆声响，只能在静寂中观察从飞船底部喷出的绚丽光焰。

可见光和无线电波都是电磁波。电磁波与包括声波在内的机械波的根本区别是，它的传播不需要中间媒质，速度恒为光速，在有媒质的情况下反而降低了它的传播速度。在麦克斯韦电磁学理论建立之前，人们以为光波也是一种由发光体引起的机械波，像声波一样也要依靠媒质来传播。光的电磁本质被揭示出来之后，人们知道了光波就是电磁波，实验也否定了原来假设的传播光波的中间媒质"以太"的存在。20世纪初，当爱因斯坦提出了光量子理论之后，人们又为光既是波又是粒子的二象性所惊讶。

继光量子理论之后，量子化概念又在玻尔的原子结构理论里得到了非常重要的发展。在玻尔原子模型中，电子总是在不连续的特定轨道上运动。为什么会出现这种不寻常的现象呢？量子化轨道的物理内涵又是什么呢？诸如此类引人入胜的问题，自然引起了当时一些富有突破意识和创新精神的科学家的深沉思考。德布罗意是法国王族的后裔，1892年8月15日生于塞纳河畔的迪耶普。德布罗意1910年获巴黎大学文学学士学位，1913年又获理学学士学位。在他的志趣转向理论物理学之后，德布罗意对普朗克、爱因斯坦和玻尔的工作很感兴趣。他的兄长莫里斯是一位研究X射线的专家，兄弟俩经常讨论有关黑体辐射和量子论的问题，有时直接涉及波

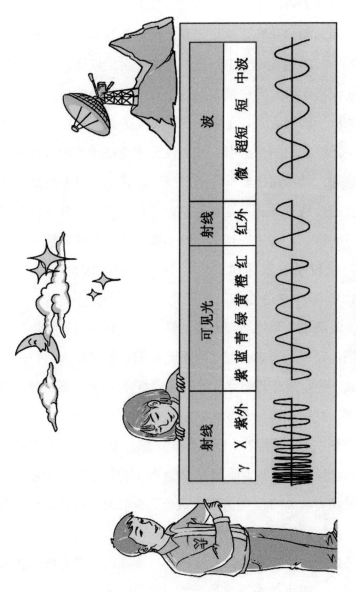

生活中你熟悉这些波吗

和粒子的关系。

1923年9月，德布罗意在《法国科学院通报》上发表了他的不同凡响的见解。这个年轻的博士生在题为"辐射——波与量子"的这篇论文中问道："整个世纪以来，在光学里，比起波动的研究方法来，是过于忽略了粒子的研究方法；在实物粒子的理论上，是否发生了相反的错误呢？是不是我们把关于粒子的图像想得太多而过分地忽略了波的图像呢？"他认为："任何物质都伴随着波，而且不可能将物质的运动和波的传播分开。"这就是说，波粒二象性，并不只是光才具有的特性，而是一切实物粒子都共有的普遍属性，原来被认为是粒子的东西也同样具有波动性。因而可以说，一切物质都有波动性。

既然说一切物质都有波动性，那就要把这些物质与一个周期运动联系起来。怎么联系呢？德布罗意认为，首先，这种联系一定涉及普朗克常数 h，因为它是微观世界的特征量；其次，关于光子与波动的联系已经由爱因斯坦建立了，这应当是新关系的特例。于是德布罗意大胆地提出了物质波假设：动量为 mv（ m 为质量， v 为速度）的粒子与一个波长为 λ 的波动有着 $\lambda = h /$ 的关系。这个关系后来被称为德布罗意关系，与粒子相联系的这种波称为德布罗意波。

由于普朗克常数的数值极小，所以德布罗意波的波长是很短的。根据德布罗意关系，很容易算出任何一种物质的波长。例如，地球的德布罗意波长是小数点后面写60个零再接着写36（即3.6×10^{-61}）厘米；一块重100克，按每秒10米飞射的石头的波长是小数点后面写31个零再接着写66（即6.6×10^{-32}）厘米；体重50千克，按每秒10米飞跑的人的波长是小数点后面写33个零再接着写13（即1.3×10^{-34}）厘米。这几种波长，包括我们人的波长都实在太短了，不仅是现在甚至直到永远，也不可能有仪器能探测出如此短的波。

然而，对于微观物体来说，情况就大不一样了。让我们以质量不到10^{-27}克的电子为例，一个在150伏电位差下加速的电子的波长为10^{-8}厘米，这相当于原子的尺度，也相当于X射线的波长，是可以测出来的。

我们的耳朵只能听到波长从2厘米到17米的声波；我们的眼睛只能看到波长介于0.39微米和0.76微米之间的光波。对那些超出我们人类的感觉范围之外的波，只有依靠特殊仪器才能探测到。而且，任何一种接收器都只能对某种特定类型的波有反应，就像耳朵只对声波有反应、眼睛只对光波有反应一样。例如，波长为几米的声波能被人耳察觉，却不能被收音机接收到。收音机只能接收无线电波。反之，波长为几米的无线电波同样只能由收音机接收，而不能被人耳或者其他机械波装置接收到。真可以说是一物降一物。因此，对于既不属于声波、又不属于电磁波的德布罗意波，怎样来探测它呢？这是检验理论是否正确的关键问题。

● 电子波发现的传奇故事

1924年11月29日，在德布罗意的博士论文答辩会上，考试委员会的主任委员佩兰问道："怎样才能在实验上观察到你所推测的电子波呢？"德布罗意当即回答说："在电子通过一个小孔时，有可能会出现衍射现象……"

我们知道，光的衍射现象，即单色光穿过小孔（光栅）在屏幕上呈现一圈儿一圈儿光环的现象，只有当光栅的大小与波长相当时才会出现。从前面的计算知道，德布罗意波的波长是很短的，要用手工来刻这样窄小的光栅是很困难的。好在大自然早就为人们准备好了条件。金属的晶格的大小正好在这样的尺度范围，它可以作为天然的电子光栅。在德布罗意波从理论上提出来以后，人们马上就用实验来检验这种奇怪的想法。

在物质波理论提出之前，一个天经地义的观念是，一个东西要么是波，要么是粒子。在经典理论中，波是连续地在全空间飘飘洒洒，而粒子是集中在空间的一个小点内，是硬梆梆实打实个性分明的。在全空间弥散的波又怎么能同时集中于空间的一点呢？可是这个新理论意味着，早已为科学家们所熟悉的既轻又小的电子却与波紧密联系着。科学家们自然就面临这样一个问题：物质波真的存在吗？直到实验上发现了电子的衍射现象，德布罗意物质波假设才得到证实。

我们都有这样的经验，发射一颗子弹，只会打中靶上一个点，而不会是弥散地打中一片。因为衍射是只有波才会产生的特征现象，因此，如果能发现电子具有衍射现象，就可以证明电子确实存在波动性。

早在20世纪20年代初，美国贝尔电话实验室的戴维孙和革末就在做着电子在金属镍片上的散射实验。他们用一束电子去轰击放在真空管中的一块镍片，想撞出一些新的电子束，进而得到被镍片散射后的电子束强度与散射角度的关系。1925年4月的一天，一只盛有液态空气的瓶子突然爆炸，使得空气进入了真空系统，也使容器里的镍片被氧化了（镍在常温下不与空气中的氧起反应）。他们所做的实验需要很纯的镍靶，于是只好把氧化了的镍片重做处理，把它表面的氧化层弄掉。当他们用清洗过的镍片继续做原来的实验时，却得到了与往日不一样的结果。原来的散射电子强度随角度作连续变化，现在却可观察到明显的极大和极小值，并且这些极值的位置依赖于入射电子的能量。当时，戴维孙和革末他们还没有看过德布罗意的文章，也没有听说过电子具有波动性的言论，所以面对结果百思不得其解，只好把它扔在一边。实际上，这一次偶然事故，使他们无意间得到了一个电子衍射的证据。镍在通常情况下是多晶体结构，原子不是整齐地排列着，晶格的大小也不刚好相当于电子的波长，

所以不可能出现衍射现象。在戴维孙所用的那块镍片上之所以会产生电子波的衍射，是因为他们在事故后清洗镍片时，碰巧改变了镍原子的排列，从而使镍的多晶体结构变成了单晶体结构。电子由于具有波动性而在晶格中产生衍射，并且满足衍射的布拉格公式，而戴维孙和革末他们所看到的，正是这些电子衍射后的电子束。

1926年夏，戴维孙到英国探亲，随身带着新近从镍靶上得到的实验结果，以便随时与业内人士讨论。他刚好碰上英国科学促进会在牛津开会，于是就参加了会议。会上德国科学家玻恩提到了戴维孙的实验结果，说它可能是德布罗意波动理论所预言的电子衍射的证据。玻恩的话使戴维孙受到莫大的启发和鼓舞，他一返回纽约，就立即和革末一起研究德布罗意和薛定谔的论文。理论上的计算结果与他们的实验结果相差很大。于是，他们索性放弃原来的实验，另起炉灶，特意用镍单晶体做靶子，有目的地寻找电子波的实验证据。经过几个月富有成效的工作，他们取得了一系列有关电子波的实验成果。他们写成论文发表在1927年4月的《物理评论》上，最先证实了电子波的存在。

英国科学促进会的牛津会议对电子波的讨论，同样启发了英国阿伯丁大学的自然哲学教授乔治·汤姆孙。乔治是约瑟夫·汤姆孙的独生子，那几年一直在用真空设备和电子枪做他父亲从事的阴极射线的研究工作。牛津会议使他想到做阴极射线产生衍射效应的实验。于是一回到阿伯丁大学，他就与一个叫里德的同事一起用赛璐珞薄膜做实验。果然，他们很快就得到了电子衍射的边缘模糊的晕圈照片。于是，马上就在《自然》杂志上发表了这种实验的一篇短讯，时间是1927年6月18日，只比戴维孙晚两个月。为了说明观察到的衍射现象是电子的而不是X射线的，乔治·汤姆孙用磁场将电子束的运动方向弄偏，看衍射图像是否随之偏移，以此来判定究竟是带电粒子的衍射还是不带电的X射线的衍射，因为后者不随之变化。肯定了是电子的衍射之后，他们又对高速电子衍射做了一系列实验，并且改用铝、金、铂等金属做靶子的材料来取代镍。不久，乔治·汤姆孙在他的正式论文中详细报道了这些实验结果。他在论文中宣称，他得到的电子衍射图形是几个明暗相间地排列着的同心圆，与X射线的衍射图很相似，实验结果与德布罗意理论预计的结果相符，误差为5％。

30年前，做父亲的约瑟夫·汤姆孙用实验证实了电子是一种粒子；30年后，做儿子的乔治·汤姆孙则证实了电子是一种波。父子俩研究同一样东西却有着完全不同的发现。但这两种发现既是矛盾的，又是统一的，充分显示了自然界尤其是量子世界的多样性和神秘性。汤姆孙父子揭示这种多样性和神秘性的故事本身，同样带有魅力无穷的戏剧性和传奇性色彩。

三、量子殿堂的落成

● 海森伯的矩阵形式

玻尔的原子结构理论是普朗克的量子概念和经典力学的奇特结合。这一理论在解释氢原子光谱线方面所取得的巨大成功，促使科学家们努力去寻找和创建一种能与量子概念相协调的全新的力学。1918年，玻尔在一篇论文中提出了后人称之为"对应原理"的思想，他认为新的力学与牛顿的经典力学之间应存在一种对应，并且在量子效应趋于零的极限下新的力学会过渡到经典力学。1921年，拉登堡发现，光的色散本领与原子的两个定态间的跃迁概率有关；1924年，克拉默斯发现了一个只包含跃迁量的色散公式，这就表明，色散只与原子的两个定态有关。接下来的进展是玻恩取得的，他在一篇论文中指出，如果在经典力学坐标与动量的傅里叶展开式里，把计算频率的公式中能量对角动量的微商换成相应的变分，就可以从经典力学的公式过渡到对应的量子公式。正是在这篇重要的论文中第一次出现了"量子力学"这个名称。第一个提出完整的量子力学理论的，是德国科学家海森伯，他曾对这篇论文的计算给出了许多建议和帮助。

1925年初夏，海森伯从哥本哈根回到格丁根，开始考虑放弃电子轨道的经典图像，直接从光谱频率和谱线强度这些可由实验观测的量入手来建立量子力学，从而避免那些虽然直观但观察不到的轨道概念。正在这段时间，他患了严重的枯草热病，为了躲避花粉过敏，他请假到了北海寸草不生的赫尔戈兰岛。在那儿休养的10天左右时间里，他对于量子力学的原本模糊的想法逐渐清晰了起来。他以克拉默斯、玻恩以及自己和克拉默斯一起做的工作为出发点，根据玻尔

德国科学家海森伯

的对应原理，从经典力学的动力学方程入手，把其中的电子坐标换成跃迁振幅，从而得到跃迁振幅之间的一个关系。在进行数学运算的过程中，海森伯设立了一些计算符号和规则，其中包括一种不服从通常的交换律的乘法规则。

海森伯在返回格丁根时途经汉堡，在那儿他见到了泡利，并与他进行了讨论。后来又几次写信与泡利讨论他的这些想法，泡利给了他极大的鼓励。他们之间的书信往来，几乎成了有关量子力学发展的激动人心的评注。1925年7月初，海森伯终于完成了题为"从量子理论重新解释运动学和力学关系"的论文。在这篇论文中，他提出了一个原则，即新的量子力学中，有些经典力学量在原则上不再是可以观测的，应该根据在原则上可以观测的量之间的关系来建立量子力学理论。海森伯在理论中设立的计算规则，即电子位置的坐标与电子速度之间的关系，是这一理论的基本要素，这个规则把普朗克常数作为决定性的因素引入量子力学。这篇开创性的论文粗略地勾勒出了量子力学的基本轮廓，迈出了创立量子力学极为关键的一步。

海森伯把论文交给玻恩，请玻恩做进一步的推敲。玻恩感到，这篇论文中包含了他们追求多年的某种基本的东西。他将论文交给德国《物理杂志》发表的同时，又反复琢磨海森伯的乘法规则。他发现，原来海森伯的乘法规则并不是什么新东西，而是当时已创立70多年的矩阵理论。后来玻恩回忆说："当时海森伯的乘法规则使我不安，经过8天的冥思苦想，我回忆起在布雷斯劳大学师从罗桑斯教授时学到过的代数理论。"为了能对海森伯论文所用的数学方法给予严密的论证，玻恩希望泡利同他合作，而泡利却认为用烦琐冗长的数学只会损害海森伯的杰出思想。幸好，玻恩的一个有数学天赋的学生约尔丹乐意干，他帮助玻恩找到了证明的方法。于是玻恩和约尔丹二人合写了题为"关于量子力学"的论文，这就是创立量子力学的第二篇论文。

正在英国剑桥大学度假旅行的海森伯收到这篇论文的副本后马上写了一封热情的回信，于是他们决定3人合作来完成这项工作。实际上，这项工作主要是以通信的方式进行的。"关于量子力学 Ⅱ"这篇3人合作的论文就成了创立量子力学的第三篇论文，其中几乎包括了量子力学的所有要点。这3篇论文奠定了量子力学的基础，这种新的力学也叫作矩阵力学。就其内容而言，它是把玻尔的对应原理发展成了完善的数学体系，形成了能给出正确结论的量子力学体系。

● 薛定谔的波动方程

1926年，苏黎世大学的奥地利科学家欧文·薛定谔发展了另一种形式的量子力学——波动力学。薛定谔从德布罗意的物质波思想出发，试图避开所有那些神秘的电子在原子中从一个能级向另一个能级的跃迁，想重新回到波动理论的经

奥地利物理学家欧文·薛定谔

典思想。薛定谔认为，电子作为传播波的始原，其运动应该存在一个与之对应的波动方程，就像光的波动方程决定着光的传播一样，这个方程决定着这些波。人们可以通过解波动方程来确定原子内部电子的运动。他还成功地确定了一系列做不同运动的电子的波动方程，只有当系统的能量取普朗克常数所决定的分立值时，这些方程才有确定的解。在玻尔理论中，电子轨道的这些分立能量值是假设的，而在薛定谔理论中，它们完全是由波动方程确定的。1926年，薛定谔连续发表了4篇论文，宣告了波动力学的诞生。薛定谔的理论一提出来，就立即引起了科学家们的普遍关注和赞赏。

薛定谔的波动力学和海森伯的矩阵力学的出发点不同，而且是通过不同的思维过程发展而来的，但是用这两种理论处理同一问题时，却得到了相同的结果。包括薛定谔本人在内的许多人已经证明了量子力学的这两种形式彼此完全等价。海森伯的理论比薛定谔提出得早一些，可是科学家们在接受薛定谔的波动力学时却显得迅速得多。这其中的一个原因是，薛定谔所用的数学方法对科学家们来说是非常熟悉的，他的整个方法在数学上没有与经典的波动理论不同的地方。另一个原因是，他的方法用于解决实际问题时比海森伯的要容易得多，而且易于与实验结果相比较。

英国科学家狄拉克也证明了所有这些思想实际上是彼此等价的，即使是薛定谔的形式，其方程中蕴含的内容也仍然包含着"量子跃迁"。薛定谔对此很反感，并对他曾经参与和发展了这一理论有个著名的评论："我不喜欢它，我真希望我不曾做过与之有关的任何事情。"颇具讽刺意义的是，由于大多数科学家在求学的早期就学习了波动方程，而且习惯于使用它，因此自从量子力学在20世纪20年代建立以来，在解决粒子问题比如解释光谱时，正是薛定谔的形式应用最广。

● 狄拉克的相对论量子

1925年，海森伯访问了剑桥大学之后不久，当时还是研究生的狄拉克收到了导师福勒教授给他寄来的海森伯的矩阵

力学论文的清样稿。这是狄克拉初次接触量子力学。

"一段时期里，我苦苦思索着这个很普遍的关系，设法去尝试着怎样把它同已经很好理解了的力学定律联系起来。那时，我习惯于在星期天独自一个人做长时间的散步，边走边思考这些问题。有一次散步时我忽然想到：变换因子A乘以B减去B乘以A，类似于经典力学中用哈密顿算符写有关方程时所用的泊松括号。我一想到它，就觉得这正是我要接受的一种思想。之后，由于我不很了解泊松括号究竟是怎么回事，我又犹豫起来。这些东西正是我以前在动力学方面的书中读到过的，由于实际上很少使用它们，读过之后也就忘记了。我已记不清楚它们的情况。这时，检查泊松符号是否真正能符合交换因子就变得十分必要了，我希望有一个泊松括号的精确定义。

好！于是我赶忙回家，翻遍了我所有的书籍和各种论文，没有找到关于泊松括号的任何参考内容。我所有的那些书籍都太浅了。这天又是星期日，图书馆不开放。我无奈地等候了一个通宵。第二天清晨，图书馆门一开我就奔了进去。核查了泊松符号的意义，发现它正如我所想的那样。我们可以在泊松括号和对易因子之间建立起一种联系来。这在人们已经习惯了的经典力学与包含由海森伯引入的非对易量的新力学之间，提供了一种很密切的联系。在这个初期思想之后，这项研究工作发展得相当顺利，在很长一段时间里并没有遇到很大困难。我们能推导出新力学的方程式，只需对用哈密顿算符表示的经典方程做适当的推广。我个人继续研究着这个课题，海森伯和他的合作者在格丁根发展矩阵，各自独立地进行。我们虽然有一些联系，但整个研究工作基本上是各自独立进行的。"

这就是狄拉克本人对当初情景的描述。实际上，海森伯的矩阵力学选择了力学量随时间改变而状态不随时间改变的物理绘景，薛定谔的波动力学则选择了状态随时间改变而力学量不随时间改变的物理绘景，它们是狄拉克的更普遍的理论形式在不同物理绘景中的具体表现。电子运动的量子特征在海

英国科学家狄拉克

森伯的绘景中表现得十分清楚，而电子运动的波动特性在薛定谔的绘景中表现得更为明显，电子运动的量子性和波动性已经被纳入了一个完整的理论体系。

尽管许多科学家曾致力于发展一种相对论性的理论，但是直到1927年还一直没有相对论性的量子力学形式出现。1928年，狄拉克发表了一个方程，这个方程将狭义相对论的要求与量子理论结合起来，以便能全面地描述电子，这就是相对论性量子力学。在许多方面，这一公式比狄拉克同时代人求得的更具普遍性，并以其公理性的公式而著称。狄拉克方程描述了电子的所有已知的东西，并做出了与所有实验结果相符的预言。在此之前的非相对论性的理论中，电子自旋是作为一种假设被引入的，而此处电子自旋的存在及其量值是作为狄拉克普遍理论的一个结果而出现的。另外，狄拉克方程还做出了一个预言，这一点连狄拉克本人也不能马上将它解释清楚。

狄拉克方程不仅只是描述了与电子有关的每一件事，而且起到了双倍的作用。原因是这个方程有一正一负两个解。狄拉克方程的第二个解描述的粒子与电子完全相同，只是具有负能量。很多人很可能因此将它视为毫无意义的数学怪诞而舍去它。而狄拉克的天才却引导他去思索"如果"——如果这些具有负能量的电子真的存在将会怎样？在这个问题上隐伏的最大困难是，如果允许电子具有负能量，那首先想到的就是似乎所有的电子都应该具有负能量。就像水往山下流，任何物理系统都在寻找可能的最低的能级。如果电子有"负能级"，那么很明显，即使是其中最高的能级也应比最低的正能级低，于是所有电子都会跌入负能级，并辐射出电磁能的光辉。为了解释这个问题，狄拉克辩解道，假定所有负能级都已被填满，就像大海已灌满了水那样。如果原来那里没有海的话，水往山下流，一直流下去流到底；但现实世界中河里的水往下流也只能流到海的顶部，假如海已经满了，水就不能再流了。与此类似，如果所有负能量"海"都已经填满了电子，其他电子就只能待在正能级上面了。负能量电子海可能根本无法探测，或者根本见不到，因为它到处都是一个样子。

然而此时狄拉克更进了一步。在日常世界里，一个处于低能量态的物体可以通过注入能量而被踢到较高的能量态——也许是确确实实地踢，像一个球被踢到楼梯的某一高度一样。但如果负能量电子海在各处并不十分相同又会怎样呢？假设某种能量的相互作用——也许是太空宇宙线的到达而将能量传递给了负能量海中不可见的某个电子，并将它踢

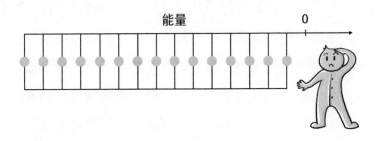

负能级全被占满

到具有正能量的某个状态，这会怎样呢？这时，这个电子就像普通电子一样能被科学家们探测到（即"可见"）。但是它会在负能量海中留下一个空穴。电子带负电荷，因此，正如狄拉克指出的那样，负电荷海中的空穴，其行为会和带正电荷的粒子的行为一样。

在这一点上，狄拉克有胆识上的不足。从他的方程的表面意义来看，理所当然地，这个空穴唯一的物理意义就是除了带有正电荷这一点之外，它就是一个与电子极为相似的粒子。不过，当时科学家们只知道两种粒子，即电子和质子，连中子也还未曾发现。因此狄拉克在他的论文中提出，负能量电子海中的空穴或许等同于质子。这使得最初并没有人确切知道对负能量电子海这个概念以及它的空穴该如何理解。泡利在他的"论量子力学"中表示了他的看法："使理论保留目前形式的企图，在其结果面前看来是毫无希望了……"然而，1932年，美国的卡尔·安德森在宇宙线实验中发现了与电子的行为恰好相同却带有正电荷的粒子的径迹。他得出结论，这种新粒子是电子的带正电荷的配对物，并命名为正电子；正电子的性质恰好与狄拉克的空穴的性质相符。狄拉克理论中的一个不足之处现在却变成了一大成就。同年，英国科学家查德威克发现了中子。几乎是一下子，科学家们所知道的独立粒子的种类多了一倍，他们对物理世界的看法也有了转变。从那以后，大量其他的亚原子粒子被发现，并且每一种都有各自的反物质配对物。对所有这一切的解释都是基于空穴理论的变体。一个粒子（比如电子）遇到与它配对的反粒子（此时是正电子）后湮灭而化为乌有，只留下一股能量。这种能量是怎样释放的，这一理论仍能为其提供一幅最好的思路图。狄拉克的量子力学比经典物理学更为抽象，同时又更接近于实验结果。

● 上帝在掷骰子吗

在20世纪20年代，在波动力学中还存在一个悬而未决的大问题，这就是波动方程中包含的波函数的物理意义还不明确。最初，薛定谔认为波函数复数模的平方是电荷的密度，这就好像电子分解成电子云似的。但是，哥本哈根的科学家们并没有像接受薛定谔的理论那样给予赞赏。与之相反，薛定谔对波函数的解释遭到了玻尔的批评和反对。玻尔邀请薛定谔到家中讨论这个问题，最后，两人马拉松式的讨论竟把薛定谔累得病倒在玻尔家中。然而，主人却坚持在自己的卧室中继续与薛定谔讨论。玻尔既善良热情又很有修养，可是在极其重要的物理学问题面前，他实在难以抑制激情。

1926年，玻恩把薛定谔波动方程用于量子力学散射过程，从而提出了波函数的统计解释。玻恩在1926年发表的一篇论文中指出，薛定谔波函数是一种概率振幅，它的绝对值的平方对应于测量到的电子的概率分布。直到这时，波函数

的物理含义才变得明确了。不过，一个力学理论竟然给出了概率，这简直是太令人震惊了！

在电子的衍射图中，底片上暗环处实际上就是许多电子集中到达的地方，亮环处就是电子几乎没有到达过的位置。按衍射环的半径统计出每个环中电子留下的黑斑数目，科学家们马上就发现，以环的半径为横坐标、相应半径的黑斑数为纵坐标做的图，其形状与光以及X射线衍射的密度分布曲线相同。这是偶然的巧合，还是另有什么深刻的含义呢？由于这一分布曲线也呈波的形状，而且对应的是电子射中底片某点的概率。玻恩建议把这种波命名为概率波。

这种概率波与德布罗意提出的物质波有什么关系呢？好在科学家们早已掌握了从波的衍射环间距来求波长的方法，因此从电子的衍射图样中就可以算出电子的波长。结果发现，从衍射图中计算出来的电子的波长数值与从德布罗意提出的物质波公式中得出的数值完全一致。原来，德布罗意所预言的物质波就是概率波。电子波决定着电子的运动，而且是以其特有的概率形式决定着电子的运动。再者，这种波并不是当电子衍射时才出现，而是普遍存在的物质特性。在任何时候，这种波都是与电子或其他实物粒子的运动联系在一起的。

所谓概率，简单地说就是某种随机性。比如掷一粒骰子出现某个点数的概率就是随机的。这次可能掷出个3点，下次可能掷出个6点，都没准儿。概率就是数学上对这种可能性的量度。而科学，尤其是其中的物理学，它一向要求准确，怎么忽然之间，某种随机性，也就是概率，也列入其中了呢？人们总觉得似乎有点难以接受。我们已习惯的经典物理学，它因其有着非常准确的预见性而著称。在牛顿力学中，只要知道物体的受力情况以及它的位置和开始时间等初始条件，那么它在以后任一瞬间的位置和速度就完全确定了。例如我们发射一颗卫星后，不仅知道它的运行情况，而且还可以把它从天上收回来。但在量子力学中却不是这样，电子等微观粒子的状态，却是用一个表示波动的函数来表示，并且这还不是普通的波，而是按概率变化的波。在量子力学中，对一切事件所能说的只能是某件事以什么概率出现，而且这个概率是取决于概率波的波函数。若用波函数来描述的话，我们发射一颗子弹，只能说它射中靶上某一点的可能性（或者说概率）有多大，而不能说它"一定"射中某一点。量子过程所遵守的概率法则和在拉斯韦加斯的赌桌上掷骰子一样，这使得爱因斯坦在评论中表现出他对这一理论的反感："我不能相信上帝是在掷骰子。"

这种概率波的概念，使得量子力学的创始人之一薛定谔于1935年设想了一个叫作"薛定谔猫"的实验。薛定谔猫是指这样一个富有想象力的实验。把一只猫关在一个钢盒内，盒中装有不受猫直接干扰的如下量子设备：在计数器中有很小很小的一块辐射物质，在1小时内，或许只有一个原子核嬗变，或许连一个原子核嬗变也没有，两者的概率是相同的，各为50%。假如辐射物质的原子核发生嬗变的话，计数器就会放电并且通过某个机关抛出一锤，击碎一个装有剧毒物质氢氰酸的小瓶，从而毒死盒内的猫。让这整个系统独立存在1小时的话，我们理所当然地会这样说，若没有原子核嬗变，猫就是活的；只要有一个原子核嬗变，猫就是死的。

按照日常观念来看，那只猫非死即活，我们上面的回答无懈可击。可是，若按照量子力学的计算规则来看，情况就不是这样简单了。此时，盒内整个系统处于两种量子状态的叠加之中。这两种状态，一种是活猫与原子核稳定状态，另一种是死猫与原子核嬗变状态。而活猫状态与死猫状态一混合，就出现了不死不活的猫这种不可思议的状态。一只既不是死的又不是活的猫是什么意思呢？如何解释这个问题，几十年来不同的学派有着不同的解释，至今仍是"公说公有理，婆说婆有理"。

● 奇怪的不确定原理

玻恩对波函数的统计解释，认识到了量子力学规律的统计性质，这就为海森伯提出量子力学的不确定原理在观念上奠定了基础。

有一段时间，一直困扰着海森伯的问题是：既然量子力学中不需要电子轨道的概念，那又怎么解释威耳逊云室里观察到的粒子径迹呢？经过几个月的思索，他终于领悟到：云室里的径迹不可能精确地表示出经典意义下的电子轨道，它原则上至多给出电子坐标和动量的一种近似的描写。在这种想法指导下，他用高斯型波函数来研究量子力学对于经典图像的限制：坐标的不确定性与动量的不确定性的乘积不小于普朗克常数。这就是海森伯不确定关系。它成了量子力学中一条最重要最基本的原理。作为不确定原理的结果，这种不确定性的下限不是来自实验和技术方面的限制，而是由理论本身在原则上决定的。从不确定原理来看，量子力学对微观世界的描述只能是统计性的，必定有波函数的统计解释，量子力学的基本方程实际上不再是联系可观测量之间的关系，而是关于测量概率的规律。

在牛顿力学中，对一个运动的物体，能够同时准确地测量它的动量和所处的位置，这是毫无疑问的。例如，公路上行驶的汽车，任一时刻的位置和速度都是能够准确地测量到的。不然的话，测速员准确地测到了车速却不知这时候汽车在哪里，这样奇怪的事在日常世界中是不会发生的。然而，在量子力学中，微观粒子的动量和坐标（或位置）却对应着一系列的可能值，对每一可能值又有一定的出现概率，动量和坐标不再同时具有确定的值。不过，这些不确定量之间又有一定的相互制约的关系，以位置和动量的测量为例，不确定原理指出，在同一个实验中，沿某个方向运动的粒子的坐标的不确定性和动量的不确定性的乘积不能小于普朗克常数所确定的一个小量。

　　一般来说，测量的精度似乎仅仅取决于测量技术的高低，可是不确定原理却表明，即使使用最理想化的仪器，测量也不可能超过一定的精度。这又该怎么去理解呢？下面，让我们以电子为例，看看测量时会发生怎样的情况。

　　现在我们所要做的是测量电子每一瞬时的速度和位置。由于电子很小，我们准备用一台高放大倍数的显微镜来观察它。首先要让电子在光照下成为可见的东西，否则就不可能确定它的位置。我们的设想是，选择一个飞行的或是静止的电子，采用适当的光线照射它，从电子反射的光子到达照相底片或眼睛时，我们就能了解到它在某个时刻的位置。

　　众所周知，显微镜的放大倍数取决于所用光波的波长，因此，所选光波的波长是个关键。如果选用波长比电子线度（可近似地理解为电子的直径）大很多的光，则会因放大倍数太低而无法观察到电子这么小的粒子；若选用的光的波长与电子线度差不多时，又会发生明显的衍射，从而只能看到明暗交替的衍射环而根本看不清电子，也就是说，此时电子的位置信息就很不确定；为了获得一个清晰的电子的像，就要求光的波长小于电子的线度，看来必须选用频率很高的光波，幸好有伽马（γ）射线，它的频率是足够高了，于是就考虑用它来照射电子。结果怎样呢？在γ光照射下，人们通过显微镜去观察电子，却发现显微镜下什么也没有。又出了什么问题呢？

　　让我们来分析一下。γ光的波长为 6×10^{-13} 厘米，可以计算出，一个光子的动量为10^{-14}克·厘米/秒；而速度高达10^{10}厘米/秒的电子的动量也只有10^{-17}克·厘米/秒。我们原本打算让光子照亮电子，没想到光子的动量竟然是电子动量的1000倍！这样，γ光子射到电子上，就像火车撞上了婴儿车。电子早不知被光子撞飞到哪里去了！难怪看不到电子呢。看来电子实在太小了，只要被一个光子打中，就会移动位置。这样一来，就在测量它的位置的同时，我们却改变了它的位置。

宏观世界中又是怎样的呢？经过计算发现，物体的质量越大，测不准关系对它的影响就越小。例如，科学家们考察了线度为1微米、密度为10克／厘米^{3}且以1微米/秒低速运动的尘埃微粒的情况。现在从理论上假设位置的不确定量值为10^{-8}厘米，从不确定关系可以得到速度的不确定量值为10^{-7}厘米，那么可以计算出测量位置的误差为10^{-4}，也就是万分之一；速度的误差为10^{-3}，也就是千分之一。可见，这种理论上的误差是如此之小，根本不会影响到实际的测量。用同样方法可以算出，对于更重一些的质量为1毫克的粒子，原则上可以在10^{-12}厘米的位置和10^{-12}厘米/秒的范围内同时确定它的这两个量，不确定性对实际测量的影响微乎其微。尺度再大一些的物体自然就更不必说了。所以，在测量宏观物质时，我们当然就可以大胆地依据经典理论，而不必担心由不确定原理所带来的小到完全可以忽略的误差。

其实，只要联想到实际情况，我们也可以马上凭直觉来

理解这一点。我们用望远镜来观察天体时，并不会认为这种观测影响了天体本身的运动。从原则上讲，这并不是因为这种观测不影响天体，而是这种干扰的影响实在太小了，小到根本不会被察觉的程度。对天体来说，望远镜是功率极低的观测仪器。而 γ 光显微镜对于电子就是一个"功率极强"的干扰源了。这种干扰已经强到会改变电子状态的程度，因此就不能再忽视它。这就好像我们试图用一支大温度计来测量一小杯咖啡的温度（假设温度计恰好能放入杯中），温度计会从咖啡中吸收太多的热量而使其温度下降，这必然就会使测量结果产生不能忽略的误差。

我们知道，原子尺度上的能量非常小。因此不难想象，即使是最精巧的测量也会对被测量的东西产生实质性的干扰，这样，测量的结果就未必能真实描述测量装置不在时的情况。在这个尺度上，观察者及其仪器成了观测对象的一个不可分割的部分，它们之间就不可避免地存在着相互作用。另外，我们在观测时，可以发现电子等微观粒子以粒子形式存在于空间的特定场所，但到观测前的那一瞬间为止，粒子可能是在空间的任何地方，因为粒子是作为概率波在空间传播。这时，对可能性一词，就不能再按经典意义理解为：粒子实际处于空间的某一点，只是我们不知道。其实，我们不能认为它们有确定的经典轨道，在我们对其进行测量之前，它们都是以波动形式出现的。科学家们经过深入研究后指出，上述实验中，观测仪器的影响恰恰就是由于电子的波动性所造成的，因此不能脱离其波动性的一面来试图单纯地测量其粒子性的一面。海森伯所提出的不确定原理，揭示了纯粹观察粒子性一面所必然受到的波动性一面的影响。不确定原理指的是在同一个实验中测量两个相互联系的量的不确定性，但决不是说，在不同的实验中逐个测量它们时也有不确定性。在不同的实验中测量两个量，就好像分别去看一枚奖章的两个面一样，两个面都是明确的，并让你对这枚奖章有个全面的了解。

四、庭院深深知几许

● 天外来客——宇宙线

所谓宇宙线，就是从宇宙空间来到地球上的高能射线。人们早就发现一种难以屏蔽的射线能引起空气游离式电离。在发现放射性现象之后不久，人们在用游离室探测放射性时就注意到验电器的漏电问题，以为这是因为空气或灰尘中含有放射性残余物所致。1903年，卢瑟福和库克为此而做过这样的实验：他们小心地把所有放射源都移走后，仍发现在验电器中每秒每立方厘米还会不停地产生大约10对离子。即使用铁和铅把验电器完全屏蔽起来，也只能让离子数减少1／3左右。他们在论文中提出这样的设想：也许有某种贯穿力极强，类似于γ射线的辐射从外面射进验电器，从而激发出二次放射性。

为了弄清这种空气电离现象的缘由，从1909年到1911年，不少科学家重复做过卢瑟福和库克的实验。有的人在加拿大安大略湖的冰面上做，发现离子数略有减少，似乎是离地面远的缘故；有的人在巴黎300米高的埃菲尔铁塔顶上做，测得塔顶上的电离强度约为地面上的64%；有的人在瑞士的苏黎世用气球把游离室带到最高为4500米高处，并记录上升在不同高度时的电离情况，其结论为："辐射随高度的增加而降低的现象……比以前观测到的还要显著。"总之，当时人们对这种反常辐射的来源莫衷一是，期待着更为可靠的实验验证。

不久一个带判定性的实验终于做出来了，实验者是奥地利年轻的物理学家赫斯。赫斯不仅是一位实验物理学家，还是一位气球飞行的业余爱好者。他设计了一套能吊在气球下面的装置，里面放上壁厚足以抵抗1个大气压压差的封闭式电离室。他共做了10个侦察气球，每个都悬挂上两三台能同时工作的电离室。1911年，第一个气球升至1070米高。在这种高度下，辐射的强度和气体电离的情况都与海平面的情况相差无几。1912年，他的气球飞到了5350米高，在不同高度测得的精确结果是：起初电离强度略有下降，到了800米以上则稍有增加，在1400~2500米时的强度则明显超过海平面的值，到5000米时已数倍于地面值。他把这些实验情况写成了题为"在7个自由气球飞行中的贯穿辐射"的论文，1912年发表在《物理学杂志》上。他在该文的结尾写道："这里给出的观测结果所反映的新发现，可以用下列假设做出最好的解释，即假设具有很强穿透力的辐射是从外界进入大气的，哪怕放在大气底层的电离室都会受到这种辐射的作用。

辐射强度似乎每小时都在变化。由于我在日食时或在夜晚进行的气球探测都未发现辐射减弱，所以我们很难说太阳是辐射源。"

赫斯的发现引起了人们极大的兴趣。1914年，德国科学家柯尔霍斯特将气球升至9300米，测得电离强度竟比海平面上的高50倍，确证了赫斯的判断。从此，科学界对宇宙线的各种效应及其起源问题进行了日益广泛而又深入的研究。

1912年，威耳逊发明了一种探测粒子性质的实验装置——云室，为宇宙线实验提供了有效的工具。1932年，美国科学家卡尔·安德森利用云室，从宇宙线中发现了电子的反粒子——正电子。这是第一次从实验上证实了自然界确实有反粒子存在，也是宇宙线实验获得的第一个辉煌成就。发现正电子的安德森和发现宇宙线的赫斯，分享了1936年诺贝尔物理学奖。

在加速器出现之后，由于加速器产生的粒子束能量和亮度是可以控制的，粒子的种类、飞行方向和到达时间也都可以由实验人员来掌握和调节，所以，这种人工粒子源的实验手段在粒子物理学中一直起着巨大作用。然而，加速器的能量不是随心所欲的，迄今它的最高能量虽然高达2000吉电子伏，但与超高能宇宙射线的千亿吉电子伏相比仍有亿倍之差。显然，自然界存在的粒子源远比人工粒子源丰富得多。科学家们往往是在自然界找到新粒子源后，再在加速器上产生这种新粒子，从而做精密的测量和仔细的研究。因此，在20世纪后半叶，宇宙线物理不仅在微观领域继续起着不可替代的作用，而且发展到范

天外来客宇宙射线

围更为广阔的宏观领域，渗透到了天文学、天体物理学和宇宙学等基本学科。

1962年，罗西等人利用装载在火箭上的探测器，观测到了宇宙X射线。1968年前后，科学家们利用卫星上的探测器，又发现了宇宙γ射线。由于这些光子在宇宙空间传播时不受星际磁场的影响，所以通过对X射线和γ射线的观测，可以得到非常重要的粒子源的信息。一些天体剧烈活动的高能过程，与宇宙线的起源密切相关。例如，1987年观测到的超新星1987A的爆发，许多实验组都观测到了由它发射的中微子，尽管它距地球大约有17万光年。为了观测这颗超新星发射的各个波段的电磁波，许多国家为此专门发射卫星、火箭

和气球等空间运载工具，并且建立新的大型地面探测器阵列。

近20年来，宇宙线实验中引人注目的发现是甚高能（100~10 000吉电子伏）和超高能（10万吉电子伏以上）γ射线源。一些实验组报道了在天鹅座X—3和其他星体均有百万吉电子伏以上的超高能γ射线的发射。这是高能物理学家和天体物理学家共同感兴趣的现象，因为这有助于他们了解宇宙线的起源和加速机制。一些宇宙线地下实验正试图澄清20世纪末的一些令人困惑的问题，例如，中微子的质量问题、磁单极子问题和质子衰变问题。

包括中国在内的19个国家的科学家参与的"俄歇计划"，乃是高能物理实验的一次壮举，也是探测器阵列的一次大会战。俄歇计划的目标是想发现超高能宇宙射线源。1996年9月，参与俄歇计划的科学家们在阿根廷的圣拉斐尔开会，宣布把美国犹他州的米拉德县作为北半球观测站的站址。而南半球观测站的站址，早在1995年12月就已选择在阿根廷的门多萨。

高能宇宙线从各个方向撞击地球。这些粒子（通常是质子）击中大气层中气体的原子核，形成次级粒子簇射，称为大气簇射。科学家们能够解释低能和中能宇宙线的成因，但稀有的高能宇宙线的起源仍是一个谜。俄歇计划的两个观测站将测量这些高能宇宙线的性质、能量和方向，以期解开它们的起源之谜。每个站都配置1600台探测器，12 000升的大水罐之间的距离为1.5千米。每个阵列的中心放置一台光学荧

由19个国家的科学家参加的"俄歇计划"

光探测器，观测从太空未知源头而来的神秘的高能宇宙线造成的大气簇射。科学家们计划在21世纪初开始进行宇宙线观测。

所有地下、地面和空中的宇宙线及其他非加速器实验，研究范围已扩展到探测各种天体演化过程所产生的宇宙粒子。宇宙本身已开始成为粒子物理的实验室。非加速器实验与加速器实验的高能量和高精度研究，已成为粒子物理的3个互相补充、相辅相成的主要方面。随着空间技术和实验技术的发展，已同人类相识并交了90年朋友的宇宙线，必将为人类揭示宇宙的奥秘提供更多、更有价值的信息。

● 中子的发现

从20世纪初期到30年代，原子结构理论已基本建立。人们已经知道，原子是由位于中心的原子核和围绕原子核旋转的电子构成的，而且原子核和电子以及电子之间存在以电磁场为媒介的电磁相互作用。日常物质的各种物理和化学性质，几乎都可以用这种原子结构和电磁相互作用来说明。当时，除了电磁相互作用的一个根本问题——发散困难还未解决之外，人们已完全掌握了关于原子结构的正确知识。原子的直径约是10^{-10}米，而原子核的大小却只有10^{-15}米。如果把原子比为一幢大厦，那么原子核只有一粒芝麻那么小。可是对天然放射性现象的研究却表明，当时已发现的3种射线——

α射线、β射线和γ射线都是从原子核中放射出来的，这至少可以说明原子核本身并不是不可再分割的实体。放射现象的发现给人们提供了关于原子核内部的重要信息，也揭示出原子核是个复杂的复合物。

关于原子核结构的现象，有一个非常突出的特征，就是所放出的能量非常大，与基于电磁相互作用的原子现象相比较，可以大到上千倍甚至10万倍以上。从原子核中放出这么大的能量，这表明原子核内部的作用力非常强。因此，为了准确了解原子核的结构，就要用能量很大的粒子作"炮弹"，将原子核打碎，然后看它会变成什么。在当时的情况下，一种最好的办法就是利用天然放射性元素放射出的α粒子来作这种炮弹。

1917年，卢瑟福用这种方法首先实现了核的分裂。当时，他仍在曼彻斯特。一次，在出席战时研究委员会会议时他迟到了，他解释说："我正在从事一些实验，它们暗示可以用人工方法分裂原子核。如果这是真的，它远远比战争重要得多！"当时卢瑟福和助手正在用火花闪烁法进行一项实验，他们将α粒子向镀有硫化锌的屏上射去，每击中一下，就产生一个小小的火花，所以单个粒子碰到板上就可直接用眼睛看到，也能数出数目来。为了进行这种计数，卢瑟福和他的助手必须先在黑暗中静坐15分钟，使他们的眼睛感觉敏锐了，然后再静心地计数。有的实验人员在采用这种方法时，在中间放一个金属盘，使α粒子不能到达镀硫化锌的屏板，这样，也就不出现火花了。但是当把氢引入仪器中时，尽管有金属盘挡着，屏上仍然出现火花，不过，这些新的火花与α粒子所产生的火花在表现形式上有所不同。据推测，这些在屏上产生新火花的是高速质子。也就是说，这时α粒子常常会击中一个个氢原子核（质子），由于质子比较轻，它就会高速运动。α粒子被金属盘挡住了，但高速质子却能穿过金属盘，打到硫化锌的屏上。可是出乎意料的是，当卢瑟福用氮代替氢来作α粒子轰击的目标时，硫化锌屏上仍然会出现火花，而且完全像是质子产生的。卢瑟福想到用威耳逊云室来分析α粒子轰击氮核时发生的情况，结果，他发现α粒子所留下的径迹在终止处呈叉状。这说明它与一个氮核发生了碰撞，其中的一个叉比较细，这表明有一个质子飞射出去，另一个叉又短又粗，表明氮核的余留部分在碰撞后弹跳回来。但这里没有α粒子的踪迹。看来，它必定为氮核所

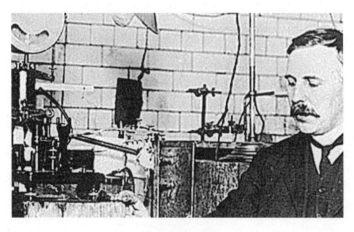

卢瑟福在实验中

吞并。这一点后来由布莱克特所证实。卢瑟福最早实现的人工核反应过程是氮核的分裂。在高速 α 粒子轰击下，氮的原子核转变为氧的原子核，同时放出一个质子。这样，卢瑟福不仅首次实现了元素的人工转变，而且还发现原子核中含有质子，这使人们对核结构的认识更进了一步。

既然质子是原子核的组成部分，又由于原子核的质量大体是质子质量的整数倍，所以，很快就有人提出原子核是由质子构成的。但是不久就发现这种想法站不住脚。如果原子核只是由质子构成的，原子核的电荷以质子电荷为单位时，应当正好是等于质量数。而实际上原子核的电荷大约只是质量数的一半或者更少一些。后来又想到人们早就发现的原子核能发射 β 射线（即电子），于是人们开始普遍认为原子核是由质子和电子构成的。1920年，根据当时已知的事实，卢瑟福在英国皇家学会的第二次贝克里安演讲中对许多新型的原子核作了猜测，但他想象它们全是由质子和电子构成的。为了解释原子核的质量数与电荷数不等的事实，他猜测在原子核中可能存在着与质子质量差不多但不带电荷的中性粒子（先取名为中子）。不过，这种中性粒子仍被认为是一个质子和一个电子的复合物。为什么原子内的电子有的被紧紧束缚在尺度为10^{-15}米的很小的核内，而有的则在核外足够大的空间轨道上旋转？这个很容易就能想到的问题却历经多年难以解决。

自从卢瑟福提出可能存在一种中性粒子之后，许多人做过各种尝试，希望能从实验上证实中性粒子的存在。1921

年，格拉逊和罗伯兹在卡文迪什实验室做过一些实验，希望能在带电粒子与氢相撞时产生这种粒子。但他们的结果是否定的。尽管如此，"可能存在一种中性粒子"的看法却始终存在着。

1930年，德国科学家博特和他的学生贝克发现，当用天然放射性发射的快速 α 粒子轰击铍时，从铍原子核中释放了一种新奇而神秘的辐射，这种辐射被称为铍辐射。铍辐射有极大的穿透本领，能穿透几厘米厚的铜板。他们把这种辐射解释为硬 γ 射线。为了估计这种射线的能量，他们设法测量了它的吸收系数。后来，又观察了锂和硼的情况，并得到一个结论，所观察到的 γ 射线具有的能量比入射的 α 粒子的能量还要大。

博特于1892年出生在柏林，是普朗克的学生。他是在柏林国家研究所盖革手下开始他的科学生涯的。在第一次世界大战期间，他曾被俄国人俘虏到西伯利亚。战争结束后，他重新回到柏林国家研究所。后来，他研制了电测计数法。他用一个电路来代替卢瑟福和盖革用眼睛来作闪烁计数的吃力方法，从而大大提高了效率。他还把两个或两个以上的计数器联合使用，制成符合计数器。这种符合计数器能够鉴别出在百万分之一秒内发生的核事例。这种符合计数器是在盖革计数管基础上发展起来的。博特所做的改进是，他同时使用两个（或两个以上）计数管，使得只有电离在两个（或几个）计数管中同时发生时，这两个（或几个）计数管才会计数。这种符合计数法被博特和他的合作者们——科尔霍斯脱、罗西等人应用到核物理、宇宙线和康普顿效应的研究等方面的许多问题上。

博特和贝克发现的新射线的穿透本领大大超过了放射性极强的 γ 射线，这引起了许多人的兴趣。在众多对新射线的研究者中，起了重要的积极作用的是两位法国科学家伊雷娜·居里和他的丈夫约里奥。

伊雷娜·居里是居里夫妇的女儿，她是由母亲玛丽精心抚养长大的（居里去世时她才9岁）。由于受到母亲的影响，她也在母亲的实验室中从事科学研究。约里奥是由朗之万推荐给他的老朋友居里夫人的，约里奥接受的首批任务之一是制备一个极强的钋源，而后是建立一个云室。具有卓越技术才能的约里奥出色地完成了这两项任务。1927年，他和伊雷娜结了婚。

在研究博特发现的穿透性极强的铍射线时，约里奥—居里夫妇使用了他们的超强钋样品。他们让辐射从一个很薄的屏窗射入装有空气的电离容器，当屏窗物质是石蜡或其他含氢物质时，容器中的电离就会增强。于是，他们断定电离增强是由于石蜡发射出了质子流。遗憾的是，和博特一样，他们也把铍辐射看成是 γ 射线。在1932年1月18日，他们报告说这种辐射能使石蜡屏放出质子。更令人吃惊的是，这些发射出的质子具有惊人的高速度。约里奥—居里夫妇作了计算，如果这种铍射线真是电磁辐射，那么铍核释放的能量必定要比最初产生这些射线的 α 粒子的能量大10倍。这从理论上就

很难解释了。可以说，约里奥—居里夫妇的实验是非常卓越的，是他们在发现中子的道路上迈出了富有启迪性的第一步。然而他们只是对这些过程中的能量是否守恒提出了疑问，而没有抓住实验与理论的这一尖锐矛盾进行深究，故而错过了发现中子的机会。据说，当时罗马一位年轻的物理学家马约拉纳看过约里奥—居里夫妇的那篇实验论文后非常惋惜地说："真傻！他们已经发现了中性粒子，却不认识它！"

查德威克是一位英国科学家。他于1891年10月20日出生在曼彻斯特，1908年进入曼彻斯特大学，1911年以优等成绩毕业于该校物理学院。从1911年到1913年，他作为卢瑟福的研究生从事放射性研究。1923年他被任命为剑桥大学卡文迪什实验室主任助理，直到1935年。

1932年1月，约里奥—居里夫妇的实验对查德威克很有启发。当他读到他们的实验报告时，他立即告诉了卢瑟福。卢瑟福得知约里奥—居里夫妇的解释后非常激动地说："我不信"，并让查德威克尽快做实验来检验他们的结果。于是，查德威克重复了约里奥—居里夫妇的实验，但他是沿不同思路考虑这个问题的。他认为从石蜡中打出的质子不大可能是由 γ 射线产生的康普顿散射所致，因为这不仅需要能量很高的 γ 射线（而实际上，铍射线的能量并没有那么高），而且其打出的质子数比实验观测到的要少得多。自从1923年来到卡文迪什实验室后，查德威克就接受了卢瑟福关于"可能存在中性粒子"的思想。因此，他考虑到，这种射线会不会是中性粒子呢？于是，他大胆地假设铍辐射是由中性粒子组成的。为了确定粒子的大小，他用这些粒子来轰击硼，并从新产生的原子核所增加的质量计算出射到硼中的粒子的质量与质子的大体相等。他又用云室探测这种粒子，结果他发现，这种粒子用云室根本探测不到，这表明这种粒子不带电荷。查德威克根据这些实验结果做出结论，现在找到的是一种新的粒子，这种粒子的质量与质子的质量大致相同，但不带电荷，也就是说，它是中性的。查德威克按照卢瑟福的原意，把这种中性粒子称为"中子"。1932年2月17日，他写信给《自然》杂志，发表了这一结果。稍晚一些时候，查德威克又将研究结果写成题为"中子的存在"的一篇更为详细的论文，发表在《皇家学会学报》上。他在文中总结道："上面已研究了用钋的 α 粒子轰击时，从铍（和碳）发射出来的贯穿辐射的性质。推断出这种辐射不是由迄今所认可的量子发射组成的，而是由不带电的质量为1的粒子即中子组成的。"

因为发现了中子，查德威克荣获了1935年诺贝尔物理学奖。当年卢瑟福坚持要把发现中子的诺贝尔物理学奖发给查德威克，说查德威克完全应该得到它。有人对卢瑟福提出：约里奥—居里夫妇对此也做出了必不可少的贡献！据说，卢瑟福回答道："发现中子的诺贝尔奖应该单独给查德威克一个人；至于约里奥—居里夫妇嘛，他们是那样聪明，不久就会因别的项目而得奖的。"

其实，约里奥—居里夫妇错过发现机会的不只是中子，

同样还有正电子！在安德森之前，当他们用钋和铍产生辐射时，就在云室中看到过正电子。然而，他们把它理解为飞向放射源的电子，而不是从源发出的正电子。1933年5月23日，他们证实了：从钋和铍源（除了发射中子外还发射硬 γ 射线）中发出的 γ 射线，通过物质产生了正负电子对。两个月以后，即7月，他们除了正负电子对外，也记录到了单个正电子。

瑞典皇家科学院诺贝尔物理学奖委员会主席普雷叶教授在1935年诺贝尔物理学奖致词中讲得好："今年的诺贝尔物理学奖是奖励发现了并被实验证实了的一种新的建造原子和分子的基石，即所谓中子。今年获奖的查德威克教授把直观认识、逻辑思维和实验研究结合起来，成功地证明了中子的存在并确定了它的性质。"

● 正电子的发现

人类对反粒子的科学预言，应追溯到1928年。这年，狄拉克创立了一种量子力学理论，即描述单个电子的相对论性波动方程。次年，克莱茵就发现这个狄拉克方程有负能量的解。而电子可以具有负能量这一数学解却难以从物理上来解释。如果这样，电子就会一步一步地、无限制地向一个比一个低的负能量状态跃迁，从而无限制地、不断地释放能量，以致原子发生灾难性崩塌，在物理世界中就不可能有稳定的原子状态。为了避免所有电子都跌入负能量深渊，狄拉克于1930年提出了正电子的空穴理论。他假定：在现实世界中，几乎所有负能量的状态都已被电子所占据。由于电子服从泡利不相容原理，所以处在正能量状态中的电子就不能无限制地跃往负能量态。如果所有的负能量态都被电子填满，并且所有的正能量态中都没有电子的话，就是真空态。真空态没有任何物理上可观察到的效应。假如负能量态上出现一个空穴，那么较之真空态则少了一份负能量，即多了一份正能量，于是可以把这个空穴看作是一个带正能量的反粒子即正电子。

狄拉克的空穴理论虽然明确地预言了正电子的存在，但像泡利说的，当时很少有人相信这个理论，甚至不注意它。在1929~1930年，当时在美国加州理工学院的中国学者赵忠尧先生和英国、德国的实验小组，分别独立地同时发现了硬γ射线在重元素上的一些反常事例，即从实验上观察到了正负电子对的产生和湮灭现象。这些工作曾引起安德森的兴趣，成了发现正电子的前奏。1932年，安德森利用放在磁场中的云室，从宇宙线中发现了正电子。他在发现正电子时，也不知晓狄拉克的预言。

安德森1905年生于美国纽约，父母是瑞典人。他1927年毕业于加州理工学院，取得了物理与工程学士学位。1930年又在该院取得哲学博士学位。而后一直在该院从事教学和研究，直到1991年逝世。

美国科学家安德森

从1930年开始，安德森就跟密立根一起研究宇宙线。密立根和他的学生们发展了观测宇宙线的多种实验技术，还组织过多次科学考察活动。他让安德森负责用云室观测宇宙线这一科研项目。为了鉴别粒子的性质，安德森在置于磁场里的云室中安装了几块质地不同的金属板，以便粒子穿过金属板时，从穿透的板的质地来判定它的能量的量级。1932年8月2日，安德森在照片中发现一条奇特的径迹。这条径迹与电子的相似，却又具有相反的运动方向。从运动方向来看，这是一条带正电荷的粒子的径迹，很像质子的径迹。但从径迹的曲率来判断，又断定不可能是质子的，而与电子的完全一样。尽管安德森当时并不知道狄拉克的预言，但他单凭这张径迹照片就果断地下结论说，这是带正电的电子。

1934年，泡利和韦斯科普夫论证了有关反粒子的理论：即使不能形成稳定的负能量的粒子也可以有相应的反粒子，这种反粒子一般不能像正电子那样被视为空穴。这个论证使人们懂得了每一类粒子都有相应的反粒子，正、反粒子的质量相同，电荷相反，并具有其他相似的物理守恒量。

强磁场

1932年，安德森利用放在磁场中的云室，从宇宙线中发现了正电子。正电子的发现，是20世纪物理学的重大发现之一……

正电子的发现

正电子的发现，是20世纪物理学的最重大的发现之一。它第一次在实验上证实了自然界确实有反粒子存在；也第一次在实验上证实了粒子可以产生，也可以湮灭和转化的规律。所有这些，使狄拉克的电子理论终于为科学家们所接受，从而奠定了现代物理学一个重要方面的理论基础。顺理成章地，人们自然会问，除了正电子以外的其他反粒子是否也真的存在？这个问题必须靠实验来回答。

● 切连科夫效应

　　众所周知，质子是原子核的主要成分。那么，质子有没有自己的反粒子伙伴呢？1955年，人们终于发现了反质子。反质子是靠切连科夫计数器发现的，而这种计数器的发明又靠的是切连科夫效应的发现和对此效应的理性认识。

　　平时我们看到在水中快速行驶的船，当船速超过水流的波速时，在船尾将激起尾波。同样，超音速子弹或者飞机在空气中也会激起类似的尾声波。超音速飞机掠过上空时激起的爆裂声响就是这种尾声波。所谓切连科夫效应就类似于这样的"尾波"，不过它是带电粒子以"超光速"（超过光在介质中的速度）运动时在介质中激起的电磁尾波。这个效应是苏联著名科学家切连科夫发现的。

　　切连科夫1904年7月28日生于苏联沃罗涅日州新奇格拉镇。1932年，切连科夫进了苏联科学院列别捷夫物理研究所研究生班。当时，他根据导师、科学院院士瓦维洛夫的建议，开始研究铀盐溶液在镭的 γ 射线作用下的发光现象。在研究过程中，于1934年他发现了一种奇特微妙的物理现象。他发现在纯液体中，由 γ 辐射作用所引起的微弱、浅蓝色的发光，与通常的发光有着明显的不同。后来，他在视阈内采用光度学方法，进行了一系列极为困难的实验，测定了这种新辐射的一些重要性质，例如辐射光谱的能量随 γ 量子能量的增加而增加以及非同寻常的偏振等。在他研究的基础上，瓦维洛夫于1934年得出如下结论：新的辐射跟 γ 量子无关；它在 γ 射线引起康普顿散射（光子和自由电子的碰撞过程）的情况下，跟溶液中的电子有关，而且是这些电子的韧致辐射（带电粒子与外电场作用时速度发生变化而发射光子的现象被称为韧致辐射。当时瓦维洛夫将这个效应错误地假设为电子的韧致辐射）。

这以后，切连科夫又进行了一系列新的实验，关于受镭的 γ 射线辐照的液体发出可见光的问题，仔细地研究了磁场对其亮度的影响。他的实验发现，这种发光实际上不是由 γ 射线引起的，而是由次级康普顿电子引起的。更为重要的发现是，新的辐射沿康普顿电子的运动方向占有优势。这种性质极为重要，对弄清这种物理现象的本质有决定性的意义。1937年，苏联科学家弗兰克和塔姆根据切连科夫所获得的实验资料，在经典电动力学基础上创立了足以阐明这种辐射的主要性质的理论。他们指出：由切连科夫所观察到的发光现象，并不是由 γ 射线产生的，而是由带电粒子以超过光在介质中的速度作匀速运动时产生的。这个现象被称为切连科夫效应；这种辐射被称为切连科夫辐射。

1936年至1937年间，切连科夫进行了一系列新的实验，定量地证实了塔姆和弗兰克的理论。他测定了辐射方向与粒

子速度方向之间的光辐射角（又称为切连科夫角）。切连科夫在这些工作的基础上，提出了应用这种新的效应来测定带电粒子速度的想法。这种想法后来成了制造切连科夫计数器和切连科夫分光计的基础。

切连科夫计数器是在高能物理和宇宙线研究中被广泛应用的重要计数器之一。这种利用切连科夫效应制作的高能粒子探测器，是由装在暗匣中的透明辐射体（有机玻璃、蒸馏水、二氧化碳等）、光电倍增管及光的收集装置所构成。其时间分辨率约为1毫微妙，最高计数率达每秒1000万次。根据不同用途切连科夫计数器可以分为：只记录高能粒子的速度超过某一最低阈值的阈式计数器；记录高能粒子的速度超过阈值而又在一定范围内的微分式计数器；将高能光子或电子全部能量记录下来的全吸收谱仪等。

由这些仪器组成的一套符合和反符合系统可用来测定粒子的寿命，从光的强度来测定粒子的电荷数，利用辐射角来测定粒子的速度和运动方向。并可用于带电粒子的快速计数，还能从强本底中筛选出不同速度的稀有粒子。此外，根据切连科夫效应的原理还可以制作宇宙射线计数器。1975年，欧洲核子研究中心采用氦气和氮气作为发光导光气体，制成了长达6米的切连科夫计数器。通过改变计数器里的气压来测定粒子的速度。这样很容易就可以鉴别质子、π介子、K介子、μ子和电子等粒子，探测效率可以达到80％。

● 反质子的发现

1953年，美国加利福尼亚州立大学建成了一台能量为6.2吉电子伏的质子同步稳相加速器，相当于质心能量可达2吉电子伏，这是产生质子—反质子对所需要的最小能量。1955年，塞格雷和张伯伦的实验小组就是用这台加速器把能量为6.2吉电子伏的质子打到铜靶上，从出射束中检测反质子。由于在出射束中大部分是质子、中子和介子，即使存在反质子，数目也非常少。因此，这需要相当高明的实验技巧。理论上所预言的反质子的负电荷，可以通过它在磁场中的偏转来验证。而要确定它的质量，则必须对同一粒子至少测量两个独立的物理量，或是测动量和能量，或是测速度和射程。这种测量是利用磁装置和安放在大约12米远的切连科夫计数器来进行的。结果从照相乳胶中发现了由反质子轰击原子核所产生的爆裂性核蜕变的"星"形径迹，从而证实了反质子的存在。在用磁学方法分析出射束中的粒子类别时，在30 000个粒子中只有1个是反质子。尽管如此稀少，在准许的极限误差范围内，塞格雷和张伯伦的实验组仍然找到了40个反质子事例，使反质子的存在得以确认，他们因而荣获了1959年诺贝尔物理学奖。在这一过程中，作为加速器实验

探测装置的切连科夫计数器的确功不可没。

1956年，考克等人在用反质子轰击质子的电荷交换碰撞中，也是用切连科夫计数器来探测由反质子产生的反中子。这个实验证实了反中子的存在。1958年，有人用核乳胶记录到了由π介子束产生的反Λ超子（质量超过质子质量的粒子）。美国伯克利的阿尔瓦雷斯则用气泡室发现了反Σ超子。

从宇宙线中和从加速器上发现的一系列反粒子表明，在粒子层次上的反物质无疑是存在的。那么，在更高层次上的反物质，或者说宏观反物质是否存在？这个十分有趣的问题自然吸引着人们去探索反物质世界。

● 对反物质世界的探索

1995年9～10月，在欧洲核子研究中心的反质子环形加速器上，科学家们将速度极高的反质子束流射向氙原子核，获得了9个反氢原子，揭开了人工研制反物质的新篇章。

众所周知，氢原子是最简单的原子，它只含有一个电子，它的核叫作质子，也是最简单的原子核。一个电子绕着一个质子旋转，这便是氢原子的图像。利用加速器使反质子与氙原子核碰撞后会产生电子的反粒子即正电子，一个正电子如果恰好与反质子束流中的一员相结合，即围绕一个反质子旋转，就会形成一个反氢原子。不过，正电子与反质子合成反氢原子的概率非常小。要产生1个反氢原子需要近万亿个反质子。而且，每个反氢原子存在的时间只在千亿分之一秒的量级。在欧洲核子研究中心的累计15小时的实验中，共记录到9个反氢原子存在的证据。

事实上，我们周围的物质世界是由质子、中子和电子组成的原子构成的，那么，反质子、反中子和正电子能否组成反原子而成为反物质呢？从原则上讲，这是可以的，因为把质子和中子吸引在一起的核力，以及原子核吸引电子的电磁力都具有正反粒子对称性。即在一对粒子之间的作用力与在一对相应的反粒子之间的作用力完全相等。但从实验上看，在地球上乃至宇宙中想找到天然的反元素几乎没有先例，于是人们只好借助加速器来人工制造反核素和反元素。人工造出的第一个反核素是由一个反质子和一个反中子组成的反氘核（D—），产地是美国布鲁克黑文实验室。显然，反氘核应填在"反核素周期表"的第一个位子上。第二个反核素是反氦核（^{3}He），在苏联的塞普霍夫加速器上获得了5个反氦核事例。把正电子与这些反核素相结合，就能得到反元素，例如前面说的反氢原子。

上面说到，在我们所能观察的宇宙空间，至今尚未发现反元素，当然更没有发现由反元素组成的反物质的区域。这种结论是来自于多方面的观测和推算的结果。仅以宇宙线探测为例，因为脉冲星和超新星等天体是宇宙线的产生之源，宇宙线在射向地球的路径上只经过极为稀疏的星际介质空

宇宙真的始于这样的大爆炸吗

间，它们的成分是不会有显著改变的。因此，宇宙线中的反物质成分就反映出发源地的情况。通过这种方法来推算的结果是，星系中的反物质含量不超过物质含量的1％，甚至低到百万分之一以下。此时，自然有人会问，既然有一种粒子就有一种反粒子，而且反粒子同样能构成反元素，那么为什么宇宙里的物质与反物质却如此不对称呢？这个问题多年来一直是粒子物理学和宇宙学的研究热点。它可以归结为一个叫作"重子数起源"的问题。按照大爆炸宇宙学标准模型，由于在大爆炸发生1秒钟之后，宇宙中的一切物理过程的能量尺度都大大下降，几乎不可能再发生宇宙规模的重子产生过程，所以重子数起源问题应该在1秒钟之前的某个时刻找答案。根据一些天文资料和理论推测，如今宇宙中的光子数是重子数的1亿到100亿倍。假若每对光子都是由正反粒子对的湮灭而产生的，那么，宇宙太初时的反重子数与重子数约有十亿分之一的不对称。因此，大爆炸宇宙学做了一个重要假设：在宇宙初期，重子数略多于反重子数。为了解释这个假设，粒子物理学就需要提供一个重子数不守恒的理论，也就是要寻求一个机制，使初始时刻的正反粒子数目相等，由于重子数不守恒，才使得如今的宇宙中只有正粒子而极少有反粒子。这方面的一些理论尝试，例如，试图统一描述电磁力、弱力和强力现象的大统一理论等，虽然经过了20多年的研究，但至今仍未获得成功。

也有人认为，是因为我们的视野不够宽阔，以致未能发现宇宙中十分遥远的某个地方的反物质世界，才使我们抱有物质与反物质不对称的感觉。最近的实验观测资料对有这种看法的人是个鼓励。1997年，在美国举行的第四届康普顿研讨会上，美国西北大学物理天文系的发言人代表西北大学物

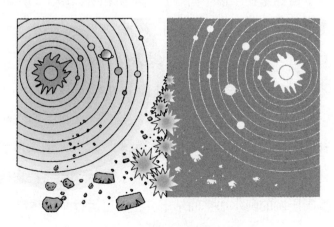

多么不可思议的反宇宙世界

理天文系和美国海军研究实验室等5个机构向天文界和新闻媒体宣布，他们发现了一个离银河系中心3000光年处迸发出的反物质喷泉。从1996年11月到会前，他们通过航空航天局的康普顿卫星观测到了银河系中心附近因正反物质湮灭而释放出来的强γ射线，其辐射强度是普通光子的25万倍。这一最新成果，为宇宙中星系的形成和演化，以及反物质的研究，提供了一个全新的视点。

1998年6月2日，美国肯尼迪航天中心的"发现号"航天飞机升空，开始了一次神奇而重要的太空之旅。这次航天之所以格外引人注目，是因为"发现号"负有一项重大的科学使命，即把阿尔法磁谱仪（简称AMS）送往太空。AMS实验是荣获1976年诺贝尔物理学奖的美籍华裔科学家丁肇中领导的一个大型国际合作项目，有美国、中国、德国、法国、瑞士、意大利和俄罗斯等十多个国家和地区的37个科研机构参加。这个项目的基本目标是在宇宙空间寻找反物质和暗物质（即用光学方法探测不到的物质），并对宇宙线中许多重要的同位素的丰度（相对含量）进行精确测量。此次升空的AMS实验装置是一台重达3吨的宇宙探测器，在地球上空400千米高度运行了10天，探测的磁场范围近4000千米。这次实验检测了仪器的性能并获取了初步的科学成果，例如，科学家们发现了大量来自宇宙深处的稀有的氦-3核。下次，即2003年，航天飞机将把它送到由美国等国研制的阿尔法空间站上，在那里运行3年至5年。

在宇宙中是否存在反物质世界，让我们先听听狄拉克的意

物质与反物质相遇应会消失

见。狄拉克在1933年12月12日诺贝尔奖授奖仪式上的演讲中说道："如果我们承认正、负电荷之间的完全对称性是宇宙的根本规律，那么，地球上（很可能是整个太阳系）负电子和正质子在数量上占优势应当看作是一种偶然现象。对于某些星球来说，情况完全可能是另一个样子，这些星球可能主要是由正电子和负质子构成的。事实上，有可能是每种星球各占一半，这两种星球的光谱完全相同，以致于用目前的天文学方法无法区分它们。"

● 回旋加速器的发明和发展

从原子核物理学和粒子物理学近百年的发展历史来看，粒子加速器在其中起着不可或缺的巨大作用。随着加速器的发明和发展，物理学研究的仪器设备日益复杂，技术手段不断提高，这使得物理学研究已逐步变成了大规模、有组织并且逐渐国际化的人类智力活动。

高能物理实验所用的一种重要工具就是粒子加速器。粒子加速器，顾名思义，就是给粒子增加速度的机器。物体运动的速度越快，它具有的能量就越高，它的打击力就越大。这种经验，原始人就有，他们知道用投掷石块的手段来获取猎物。弓箭和枪炮则是投掷石块这一原始手段的延伸和发展。集现代化的技术于一身的粒子加速器，它对粒子的作用，就类似于弓弦对箭矢、枪膛对子弹的推进和加速作用。不论是多高能量的加速器，其原理都是一样的，即让带电粒子在电场中获得能量而加速，而用磁场来约束粒子的运行轨道。与弓箭和枪炮不同的是，箭矢和子弹要射击的目标即靶，是属于器械之外的东西，而在加速器装置中，子弹和靶或说"矢"和"的"，都是这种器械的一部分。而且，在叫作"对撞机"的一类加速器中，两束粒子互为矢的，即矢和的都具有双重身份，矢也是的，的也是矢。

在加速器的发展史上，美国科学家欧内斯特·劳伦斯起了开创性的作用。他不仅发明了回旋加速器，而且在对回旋加速器不断革新的活动中使它迅速发展。

来到加州大学后不久，劳伦斯就从卢瑟福学派的工作中敏锐地感觉到："实验物理学家的下一个重要阵地肯定是原子核。"但当时实验所采用的天然放射性粒子和用人工方法而加速的粒子，其速度或者说能量不足，实验效果也不理想。如何获得探索这一领域所必需的高速粒子呢？1928年前后，就有许多科学家竞相寻找加速粒子的方法。当时实验室中用于加速粒子的主要设备是高压倍加器和整流器等依赖高电压的仪器。可是电压越高，对绝缘的要求也就越高，存在着因电压过高而击穿仪器的危险。为之冥思苦想的劳伦斯从一篇讨论正离子多级加速的论文中获得了灵感。有关这一点，他1939年在诺贝尔获奖演说中回忆说："1929年初的一个晚上，当我在大学图书馆浏览期刊时，我无意中发现在

一本德文电气工程杂志上有一篇维德罗讨论正离子的多级加速问题的论文。我读德文不太容易，只是看看插图和仪器照片。从文章所列的各项数据，我就明白了他处理这个问题的一般方法。即在联成一条线的圆柱形电极上加一适当的无线电频率振荡电压，以使正离子得到多次加速。这一新思想立即使我感到找着了真正的答案，解答了我一直在寻找的加速正离子的技术问题。"劳伦斯并没有进一步读完这篇文章，而是立即估算了将质子加速到100万电子伏的直线加速器的一般特性。简单的计算表明，由于直线管道上设有许多圆柱形电极，使得加速器的管道要好几米长，但这么大的仪器对于当时的实验室已是过于庞大了。能不能靠适当的磁场装置、仅用两个电极而让正离子一次又一次地往返于电极之间而被加速呢？稍加分析后，他证明均匀磁场恰好有合适的特性，因为在磁场中转圈的离子，其角速度与能量无关。因此只要让离子以某一回旋频率在适当的空心电极间来回转圈，就可实现离子的多次加速。想到这里，他觉得这种构思既巧妙又带有开创性。

1930年春天，劳伦斯指导他的研究生按此构思做成真空室直径只有10.2厘米的两只结构简陋的回旋加速器模型，并于同年9月在美国科学院于伯克利召开的一次会议上宣布了这一新方法。1931年11月2日，一台真正的微型回旋加速器在加速质子的实验上获得了成功。这台用黄铜和封蜡作真空室、其直径只有11.4厘米的回旋加速器，竟能在电压不到1000伏的条件下，将质子加速到8万电子伏！世界上第一台回旋加速器就这样正式诞生了。

不到1000伏电压居然能达到8万伏电压的加速效果，劳伦斯小小的回旋加速器简直是创造了奇迹。但对劳伦斯来讲，这仅仅是牛刀小试。1932年，能将质子加速到1.25兆电子伏的23厘米和28厘米回旋加速器也在他的主持下研制成功。正好此时英国卡文迪什实验室用高压倍加器做出了锂嬗变的实验。这使劳伦斯看到了加速器的光明前景。他更是夜以继日地抓紧工作，不久就用28厘米回旋加速器轻而易举地验证了锂嬗变的实验。这既验证了卡文迪什实验室的结果，又充分显示了回旋加速器的优越性以及在更大规模上进一步研制它的必要性。

在随后的十几年里，劳伦斯又先后主持了68.6厘米、94厘米、152厘米以及467厘米的回旋加速器的研制和改建。正是应用这些加速器，科学家们才相继发现了许多放射性同位素，还测量了中子的磁矩并同时生产了第一个人造元素——锝（Tc）。因发明和发展回旋加速器这一成就及其应用成果，特别是有关人工放射性元素的研究，劳伦斯荣获了1939年诺贝尔物理学奖。

一台大型回旋加速器，从设计和可行性研究开始，经过制造、安装、调试过程再到正式运行并做具体实验，每个步骤都需要各种人才的分工协作和互相配合。劳伦斯在诺贝尔奖获奖演说中讲道："从工作一开始就要靠许多实验室中的

众多积极能干的合作者的共同努力，各方面的人才都要参加到这项工作中来，不论从哪个方面来衡量，取得的成功都依靠密切和有效的合作。"

正是这种以劳伦斯为核心的密切和有效的合作，造就了一个诺贝尔奖获奖群体。

劳伦斯那天才的设计思想、惊人的工作能力和高超的组织才能，把各个专业颇具聪明才智的人吸引到回旋加速器这个大规模的集体项目中来，在他的周围迅速地形成了一支充满活力的加速器专家队伍。例如，随着加速器的体积和能量的增加，劳伦斯认识到电气工程专家是不可少的，于是就聘请了布洛贝克参加他的项目。由于布洛贝克的精心设计，1939年建成的152厘米回旋加速器工艺益发精良、各种性能更好。在这台加速器上发现了一系列原子序数大于92的重元素即超铀元素。为此，辐射实验室的麦克米仑和西博格荣获了1951年诺贝尔化学奖。1949年麦克米仑根据同步稳相方法并利用二战前做好的巨型电磁铁，建成了467厘米的电子同步加速器，能量达330兆电子伏，第一批人造介子因而出现。当能量接近6.4吉电子伏的质子同步加速器于1954年建成后，则能产生质子—反质子对。塞格雷和张伯伦因在该机上发现反质子而荣获1959年诺贝尔物理学奖。不久，卡尔文用^{14}C作示踪原子来研究光合作用过程所取得的成就，荣获了1961年诺贝尔化学奖。为了探测高能带电粒子的径迹，格拉泽于1952年发明了一种探测装置——气泡室，因此荣获

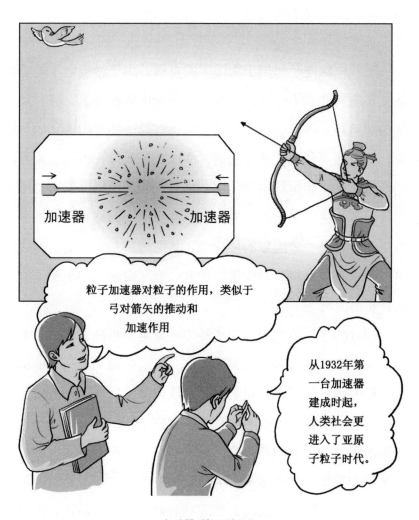

加速器对粒子的作用

了1960年诺贝尔物理学奖。1954年，阿尔瓦雷斯小组不断研制和发展气泡室技术，首先用液氢观察到了带电粒子的径迹，此后又发现了共振态粒子，阿尔瓦雷斯因此荣获了1968年诺贝尔物理学奖。

随着核物理学和粒子物理学的发展，由于微观粒子的质量及其他特性很不一样，因而需要研制出各种能量、各种类型的加速器来研究它们的不同行为。按粒子物理中能量的划分，加速器可分为低能加速器、高能加速器等；根据加速器的形状、结构和运行机理分类，则有直线加速器、回旋加速器、同步加速器、静电加速器、微波加速器和高频高压加速器等。不论是多高能量的加速器，其原理都是一样的，即让带电粒子在电场中获得能量而加速，而用磁场来约束粒子的运行轨道。

经过60多年的发展，加速器的能量越来越高，所用技术越来越复杂，实验装置也越来越庞大。需要越来越高的能量有两个原因：一是科学家们已经发现或者预言的粒子的质量越来越大，例如，1995年发现的顶夸克的质量相当于180个质子的质量，按照爱因斯坦的质量与能量相当的关系式，若没有足够的能量，则产生不了大质量的粒子；二是实验精度的需要。任何一种粒子束流，它的能量越高，波长越短，就越能深入物质内部，从而能获得更多更详细的信息。

20世纪60年代之前的加速器，每次只产生一束粒子，再用这束粒子作为"炮弹"去轰击固定的"靶"，从而产生出新的粒子。这种实验方式出现很大的能量损耗，要想继续提高有效的参与反应的能量，就必须付出高昂的经济代价。于是，人们设计出一种更有效的新型加速器——对撞机。对撞机能同时加速两束或两种粒子，它们沿相反方向运动并得以加速，然后在预定位置上对撞。与固定靶加速器相比，对撞机有很多优点，但技术难度要大得多。

我国于1988年建成的北京正负电子对撞机，简称BEPC，能量为5.6吉电子伏，虽然规模较小，能量较低，但对撞亮度高，即对撞时产生新粒子的数目多，而且对研究粲夸克和陶轻子特别合适。

欧洲核子研究中心的正负电子对撞机，能量为100吉电子伏，它的主加速器周长有27千米，设在横跨瑞士和法国两国边境的地下深处，在能量和规模上在正负电子对撞机中要数当今第一。60余年来，加速器的尺度从10.2厘米发展到了27千米！

美国费米实验室的质子—反质子对撞机，能量高达2000吉电子伏，是目前能量最高的强子对撞机。建造这台机器的主要目标之一，就是要寻找顶夸克，结果真的在1995年找到了。

除了纯轻子和纯强子这两种对撞机之外，还有一种混合型对撞机。例如，德国的一台电子—质子对撞机，电子的能量接近30吉电子伏，质子的能量为820吉电子伏。

1998年建成的美国布鲁克黑文国家实验室的相对论重离子对撞机能量为200吉电子伏，其优势在于重离子物理。它可以将质子乃至原子量为200的金离子加速并使之对撞，

探索"终极"粒子

还可以让高能铀离子对撞，以便产生极高温度，从而用来模拟宇宙大爆炸之初的景象，还用来寻找夸克—胶子等离子体态。这些都是十分吸引人的研究课题。

欧洲核子研究中心正在筹建的大型强子对撞机，预计能量为14 000吉电子伏，可谓加速器之最。美国虽然不是该中心的成员国，但美国政府已经决定拿出5.3亿美元来支持这台对撞机的建造工程。这项资助也是美国有史以来对外国科技工程的最大一笔投资。这台对撞机在2005年建成。科学家们对它寄予厚望。期待着靠它来发现希格斯粒子和其他重粒子，期待着靠它来发现新的物理现象。

● "有色有味"的夸克

科学家们在认识原子核的结构之后，便知道物质通常是由电子、质子和中子构成的，并且知道光子是传递电磁力的媒介粒子。20世纪30年代初期，人们普遍认为电子、质子、中子和光子这4种粒子是基本的，即它们不是由更小的基元构成的。

人们从事科学研究的最根本的目的，是想找到支配复杂的大自然的最基本的原理，并期望它简单明了。4种基本粒子的图像尚在勾画之中，新的基本粒子的不断出现便破坏了这一简单的画面。人们先后从宇宙线中发现了电子的反粒子即正电子、缪（μ）子、派（π）介子和一些奇异粒子。20世纪40年代中期之后，打碎基本粒子的有力工具——粒子加速器一台接一台地建成了。科学家们从而能在实验室里用人工方法制造基本粒子的反应过程。从1953年发现反中微子起，陆续发现了反质子、中微子、反中子、反西格马负超子、多种介子，以及很多基本粒子的变种。到1961年，基本粒子表里就列有100多种粒子。这些粒子，除了质子和反质子、电子和正电子、中微子和反中微子、光子之外，余下的都是不稳定粒子。不稳定的意思，是指这些粒子存在的时间很短。例如自由（指不被束缚在核内）中子的寿命要算长的，也不过887

秒，缪介子的寿命为10^{-6}秒，中性派介子只有10^{-16}秒。这些短命粒子一般是在稳定粒子的碰撞中产生的，产生之后转瞬就变成了别的粒子。

人们最初以为基本粒子的质量特征与其他性质有密切联系，于是按质量大小给它们分为3类并给每类一个统称。质量大的叫重子，例如质子和中子；质量小的叫轻子，例如电子和无质量的中微子；大小介于二者之间的叫介子，例如派介子。后来发现轻子的一些主要性质并不依赖质量，该划在轻子一类的粒子竟比某些重子的质量还大。人们虽然还沿用原来的称谓，但对老名称的字面意思已不在意。

随着基本粒子数目的增多，科学家们逐渐意识到，"基本粒子"尤其是重子和介子，并不是理想的基本单元，先后提出了关于基本粒子结构的多种模式。1964年，美国科学家盖尔

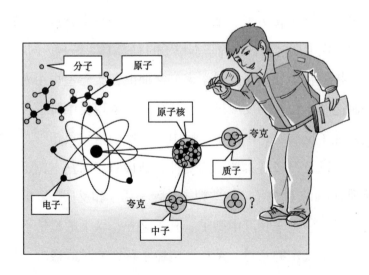

夸克还能再分下去吗

曼和茨威格各自独立地提出了三夸克（即3种味道的夸克）模型，认为重子和介子都是由夸克组成的。

根据已知粒子的一些固有属性来推测，夸克必须具备一些奇怪的特性。组成1个重子需要3个夸克，组成1个介子需要1个夸克和1个反夸克。为了使重子具有正确的电荷数，夸克必须携带1／3或2／3个电子电荷单位，简单地说，是带分数电荷。

这种强子（通过强力发生作用的粒子，即重子和介子的统称）结构的夸克模型，到底是一种数学工具，还是对客观世界的真实描写？很长时间内人们一直疑惑不解。茨威格曾在20世纪80年代初的一个报告中写道："理论物理学大家庭对这个模型的反应总的来说是不友善的……作为核民主国公民的强子，是由带分数量子数的基本粒子组成，这个想法似乎有点荒唐可笑。但是，这个想法显然是对的。"

在夸克模型的发展中人们发现，必须给每种夸克加上"红""绿""蓝"3种"颜色"标记（或说量子数），否则在构造某些强子时必违反量子力学中的一个基本原理——泡利不相容原理。值得称道的是，早在1966年，中国科技大学刘耀阳教授就在《原子能》杂志上提出了夸克具有颜色量子数的预见。

在夸克模型建立之初，只需要3种夸克即上夸克（u）、下夸克（d）和奇异夸克（s），就足以构造当时所发现的所有强子，20世纪70年代理论和实验上的深入研究表明，应该存在6种夸克，除了以前的3种外，还应该有粲夸克（c）、底夸克（b）和顶夸克（t）。

囚禁在强子樊笼中的夸克

　　寻找单个夸克的实验的失败，使人们了解到夸克的另一新奇之点：夸克只能作为强子的组分存在于强子内部，它们本身却没有单独存在的自由。换言之，夸克总是被两个一起或三个一群地囚禁在强子樊笼中！这是与构成原子和原子核的组分粒子的境遇大不相同的地方。

　　既然不能直接看到单个夸克，科学家们就根据高能粒子的相互作用及转化情况，来寻找夸克存在的证据，从而间接地发现夸克。1969年，美国斯坦福直线加速器中心进行了考察质子和中子的内部情况的第一批实验。用接近光速的电子轰击氢靶中的质子。实验数据证实了质子内部的小硬点（部分

华裔科学家丁肇中博士

子）带的电荷正好是夸克的分数电荷。1973年前后，从欧洲核子研究中心嘎嘎麦尔气泡室用高能中微子轰击质子的实验所获得的结果，与上述电子实验的结果一致。根据这些证据，再考虑到由上夸克、下夸克和奇异夸克的两夸克态或三夸克态构成的粒子已在普通物质或宇宙线中多有发现，所以这3种夸克的存在至此已毋庸置疑。然而，对于粲夸克、底夸克和顶夸克，它们不会在普通物质里出现，只能在高能物理实验中产生可能包含它们的束缚态粒子。因此，寻找这3种夸克的过程是艰难而又漫长的。尽管是大海捞针，科学家们还是凭着持之以恒的求索精神，历经21年，终于将它们一一发现。这3种夸克的发现顺序是这样的：1974年，美国布鲁克黑文实验室的华裔科学家丁肇中实验组和斯坦福直线加速器中心的里克特实验组各自独立地发现了节—筛（J/Ψ）粒子（$c\bar{c}$），从而证实了粲夸克的存在；1977年美国费米实验室的莱德曼实验组发现了宇普西隆介子（$b\bar{b}$），从而表明了底夸克的存在；直到1994年4月，费米实验室才宣布该实验室的CDF组观察到了顶夸克存在的实验证据，出于审慎，他们没有用"发现"一词。到了1995年3月，CDF组找到了更多的证据，并且另一实验组D0组用不同的方法也找到了顶夸克的衰变事例，于是宣布了顶夸克的发现这一重大成果。至此，把轻子和夸克放在同一层次上，并将它们看作物质结构的基元，已成为科学界普遍接受的现代观念。

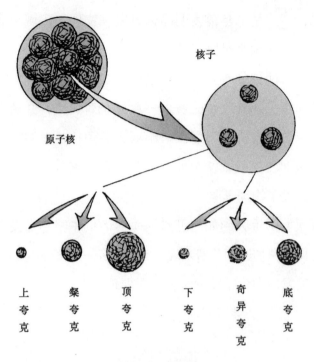

核子

原子核

上夸克　　粲夸克　　顶夸克　　下夸克　　奇异夸克　　底夸克

物质结构的微观层次

● 中间玻色子的发现

　　1983年1月25日，欧洲核子研究中心向全世界宣布了一项重大发现：该中心的UA1和UA2两个实验组在正—反质子对撞机上发现了带电中间玻色子W^+和W^-。这一捷报引起的科学界的激动尚未平复，两个实验组又分别于同年6月和7月宣告了W粒子的电中性伙伴——中性中间玻色子Z^0的发现。这两种传递弱相互作用的媒介子的发现，直接有力地证实了电弱统一理论的正确性。当时，该中心所长索培尔

评价说："这是35年前发明晶体管以来物理学领域中最重要的发现。"这项举世瞩目的科学成果，马上赢得了科学界的最高荣誉。两位领头人，一位是促使欧洲核子研究中心将超级质子同步加速器改建成质子—反质子对撞机，并负责这个反质子课题的意大利科学家鲁比亚；另一位是发明随机冷却技术，从而使反质子便于处理的荷兰科学家范德梅尔，荣获1984年诺贝尔物理学奖。

这项发明重大到如此迅速地赢得诺贝尔奖不是没有来由的，等我们稍加追溯从费米理论到电弱统一理论的过程，就能明了这项发现在粒子物理学上的重要地位。

神奇的强力

多年来，人们把宇宙中一切物质运动形式归结为4种基本的相互作用：引力作用、电磁作用、弱作用和强作用。现代粒子物理学中某些最激动人心的进展，乃是发生在弱作用物理领域内。实验最早观测到的 β 衰变（中子 →质子+电子+反中微子），便是一种自发弱衰变过程。

费米于1934年建立的弱作用理论是让4个费米子直接相互作用的。科学家们早就想到，用交换有静止质量的粒子来传递弱相互作用，可能会解决费米理论中的问题。科学家们设想的中间玻色子，是类似于电磁场量子 — 光 子角色的传递弱作用的弱场的量子，因而用英文"弱"的打头字母W来命名。为了与已知的弱作用的实验相符，W粒子应具有如下性质：它是带电粒子，从而能与费米子构成的带电流耦合；它是自旋为1的矢量玻色子，从而使弱作用具有（V—A）型的特征；它的静止质量应很大，从而保证在低能弱作用过程中与费米理论等效。W粒子的质量，用Mw表示，应反映出弱作用力程的短程特点。假如在点相互作用这种极端情况下看，由于力程被假定为零，故要求Mw无穷大。根据弱作用耦合常数和幺正性限制来估算，得到Mw的下限为30吉电子伏，上限为350吉电子伏。

中间玻色子假说，不仅可以克服费米理论中的一些基本困难，还使弱作用的力程、强度和作用规律显得与电磁作用的相似。这些相似之处，提供了统一描述弱作用和电磁作用的可能性。不过，这方面的发展紧紧依赖着规范理论的发

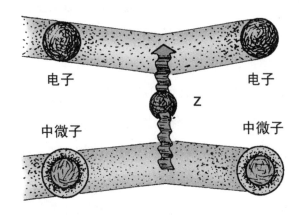

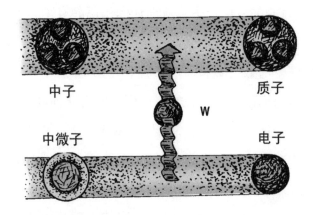

中间玻色子传递力示意图

展，需要解决下列基本问题：其一，电磁理论是U（1）规范理论，对电弱统一理论，选什么样的对称性合适？其二，规范粒子是无静止质量的粒子，怎样使W粒子获得很大的质量？其三，这样的理论能否实现量子化和重整化？后两个问题，自1954年杨振宁和密尔斯建立非阿贝尔规范场理论以来，一直是令人感兴趣但又十分棘手的问题。

1961年，格拉肖解决了上面三个问题中的第一个问题。他选择了SU（2）×U（1）对称性，提出了一个电弱统一模型。1967年和1968年，温伯格和萨拉姆分别在格拉肖群论模型框架内引入了真空对称性自发破缺的希格斯机制，使电弱统一模型趋于完善。借助希格斯机制，解决了第二个问题。第三个问题，直到1971年才由特霍夫特和韦尔特曼解决。

电弱统一模型有两个重要预言：第一，预言了中性弱流的存在。中性弱流，形式上与带电弱流相同，只是不改变费米子的电荷，它是过去的理论中所没有的。该模型不仅预言了中性流弱相互作用的存在，还完全确定了它的结构和相互作用强度。因此，检验这一预言，对该模型来说，是带判定性的；第二，预言了中间玻色子W和Z的质量分别为83吉电子伏和93吉电子伏左右。当时的实验能量还达不到足以产生这些粒子的水平。

1973年，欧洲核子研究中心的实验证实了中性流弱相互作用的存在。1979年，格拉肖、温伯格和萨拉姆因电弱统一理论的成功而荣获诺贝尔物理学奖。值得注意的是，他们获得

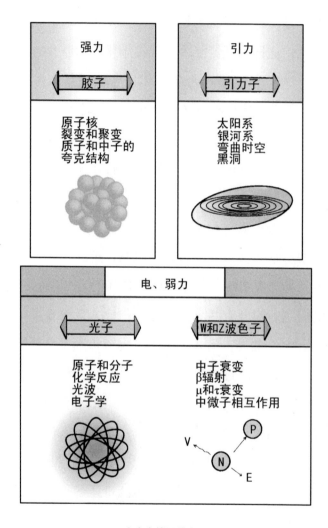

宇宙中的四种力

这一荣誉是在发现中间玻色子之前4年。1983年实验上发现了$W^{\pm}$和Z^0，而且其质量与理论预言值惊人地相符。这不仅直接证实了电弱统一理论，也是对当年诺贝尔奖的再次肯定。而特霍夫特和韦尔特曼，因解释了电弱相互作用的量子结构，即解决了上述的第三个问题，而荣获1999年诺贝尔物理学奖。

欧洲核子研究中心的中性流实验给出了电弱统一理论的一个重要参数即弱混合角的值。根据这个值，可以预计中间玻色子的质量在80~95吉电子伏，大大超过了当时所有加速器所能达到的质心能量。然而人们想到，如果能把欧洲核子研究中心的270吉电子伏的超级质子同步加速器由固定靶加速器改成质子—反质子对撞机，则其质心能量可以提高20多倍，能从原来的23吉电子伏提高到540吉电子伏，就足以产生这种很重的中间玻色子。实施这一设想的便是鲁比亚和范德梅尔等科学家。

1976年，鲁比亚和克莱因等人提出了用质子与反质子对撞的实验方案。为了实现这一新方案，就需要一套产生和约束反质子的新技术。因为反质子是不能自然产生的，它要靠另一台质子同步加速器来产生。产生出来的反质子必须放在一个特制的储存环中，这个储存环则有赖范德梅尔领导的小组来建造。在此之前不久，即1974~1976年，苏联西伯利亚核子研究所试验成功了"电子冷却"（利用电子流来"冷却"质子、反质子或其他重离子流）技术。借鉴这种电子束流的冷却技术，范德梅尔提出了一个叫作"随机冷却"的新

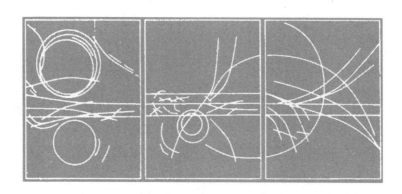

1983年欧洲核子中心发现发现Z粒子的径迹照片

方法，这个新方法能使反质子形成高强度的粒子束流。随机冷却方法的作用在于，它能减少粒子束在加速过程中的横向发散度和能散度。所谓"冷却"，是借用了热力学中的温度概念而言的。当粒子束中的一部分粒子偏离设计轨道和平均能量时，可以说这部分粒子在作不规则运动。这种偏离程度越大，它们作不规则运动的动能也就越大，温度也就越高。减少粒子的不规则运动，就相当于将它们降温"冷却"。范德梅尔的这一冷却技术，为当时建造质子—反质子对撞机起了关键作用。

　　由范德梅尔负责的反质子储存环于1980年建成，这是当时欧洲核子研究中心最复杂的一个装置。最初产生的反质子束流在这个储存环里被"冷却"和积累，而后再输入质子同步加速器被加速到能量为26吉电子伏。最后，每24小时输入6×10^{11}个反质子到超级质子同步加速器中并被加速到270吉电子伏，再与另外输入的具有相同能量的质子束流在环形轨道上相向运动，并在预定位置两相对撞。1981年7月，这样的对撞实现了，创造了世界上用人工方法得到的最高能量：质心系能量为540吉电子伏。

这台质子—反质子对撞机经过1982年10月和11月两个月的运行，欧洲核子研究中心就得以在1983年1月正式宣布，该中心的UA1和UA2两个组都通过轻子衰变过程找到了带电中间玻色子$W^{\pm}$。同年6月，UA1组又宣布通过轻子衰变找到了中性中间玻色子Z^0。当时，UA1组有包括范德梅尔在内的126名科学家，领导者是鲁比亚。

中间玻色子的发现，不仅证实了电弱统一理论的正确性，也大大提高了欧洲核子研究中心的科学声望并加速了它的发展。就在发现中间玻色子的同年9月13日，该中心在日内瓦近郊举行了盛况空前的大型正负电子对撞机奠基庆典。这台耗资9亿瑞士法郎，质心能量为91吉电子伏，主加速器管道为27千米长的对撞机，1989年建成并运行，2000年10月停止运行，原因是让位给正在筹建的大型强子对撞机。这台对撞机的设计能量为14000吉电子伏，预定在2005年建成。可见，科学研究单位的发展与科学成就的获取是相互促进、比翼齐飞的。

● 捕捉重轻子之梦

"重轻子"，本身就是个矛盾的名字！出现这种矛盾的叫法，不是没有来由的。人们最初以为基本粒子的质量特征与其他性质会有密切联系，于是按质量大小给它们分为三类，并给每类一个统称。质量大的叫重子，例如质子和中子；质量小的叫轻子，例如电子和无质量的中微子；大小介于二者之间的叫介子，例如派介子。后来科学家们发现粒子的一些主要性质并不依赖质量，该划在轻子一类的粒子竟比某些重子的质量还大，于是就在轻子前面补上个"重"字，就像在"小子"前面加上个"胖"字一样。

在一个世纪以前，第一代带电轻子即电子被发现了。过了大约40年，第二代带电轻子即缪子又被发现。还有第三代轻子吗？如果有，它们在哪儿呢？美国高能实验物理学家佩尔从1966年起，就全身心地投入寻找新一代带电轻子的实验研究。他参与了在美国斯坦福大学附近的正负电子对撞机"斯比尔"的设计和运行，他与他的同事把斯比尔看作是实现"捕捉重轻子之梦"的武器。关于它的设计任务书中说：

"斯比尔就是为寻找新一代带电轻子而建造的。"1973年斯比尔开始运行。1974年，佩尔与其同事就获取到正负电子湮灭后产生出来的24个反常事例，这些事例只能由衰变自一对分别重约1800兆电子伏的轻子类带电粒子才能圆满解释。1975年6月，他们第一次公布了实验结果。又经过两年的反复核查检验，佩尔等人确信第三种带电轻子是毫无疑义地存在的，并命名为陶（τ，希腊字母，意为第三）轻子。世界各国同行首肯了这一发现，并立即掀起了从理论和实验两方面研究陶轻子的热潮。

现在，陶轻子物理已成为内容丰富的独立分支，是研究物质最深层结构的高能物理重要组成部分。陶轻子由于质量大（经高能物理学家，特别是中国物理学家近年的精确测定，其质量约为电子质量的3477.4倍，比质子及许许多多的粒子都重），它的衰变成了研究许多原理的一个大"实验室"。

陶轻子的发现，最重要的意义是它打开了发现第三代粒子的第一扇窗。它让人们联想到，夸克也不止两代（到1974年，只有u、d、c、s两代4种夸克被发现），必须去寻找第三代夸克。在陶轻子被发现的几年后，1977年美国费米实验室的莱德曼实验组发现了宇普西隆介子，即由一对正反底夸克组成的介子（$b\bar{b}$），从而表明了底夸克的存在。直到1995年3月，费米实验室才宣布了顶夸克的发现这一重大成果。"第三代"的存在对目前被公认的标准模型具有极其关键的

怎么会有"第三代"物理呢

意义。"第三代"物理被认为是高能粒子研究领域的热点，被世界各大研究机构的理论物理学家和实验物理学家当成重中之重。人们关注于底夸克和顶夸克的性质、陶子型中微子的实验验证及质量大小等问题，并且由此探索粒子物理和宇宙演化的根本联系。

从这个角度看，作为打开"第三代"物理第一扇窗的人，马丁·佩尔获得1995年诺贝尔物理学奖是当之无愧的。

同样值得称道的是，美籍华裔科学家蔡永赐教授在陶轻子的发现上做出了不容忽视的重大贡献，称得上是重轻子理论的一位先驱者。这从佩尔对待蔡永赐的态度上，我们也容易看出蔡永赐的分量。1995年，佩尔曾邀请蔡永赐夫妇一起去斯德哥尔摩领奖。1997年，佩尔在做一个关于"τ轻子的发现"的报告时是这样评价蔡永赐的贡献的："我有这样的想法，即在正负电子湮灭过程中寻找重轻子，是受到了我的老朋友和同事蔡永赐的巨大帮助和影响的。他1971年的文章为我们寻找重轻子的工作奠定了理论基础。他的文章给出了不同τ轻子质量下的衰变模式和分支比，这些都在我们申请实验的报告中引用过……他的文章曾经是我寻找重轻子的圣经，而现在仍然是我研究重轻子物理的圣经。"

总之，现代科学家们认为，构成自然界各种物质的是12种不同类型的"基本砖块"，即6种夸克和6种轻子。它们有引人注目的"代"特性，即夸克和轻子各自分为三代：上夸克与下夸克为第一代，粲夸克与奇异夸克为第二代，顶夸克和底夸克为第三代；电子和电子型中微子是第一代轻子，缪子和缪子型中微子是第二代轻子，陶轻子和陶子型中微子是第三代轻子。迄今，三代粒子均被发现，基本上实现了三代粒子大团圆。

五、科学就在我们身边

● 充满诱惑的超导列车

1908年7月10日，才清晨5时，荷兰莱顿大学低温研究所的实验室里就热闹起来了。在这不寻常的一天，所长昂内斯教授和他的同事们，正准备攻克一个新的科学堡垒，即把氦气液化。把气体变成液体可不是像把水蒸气冷下来凝结成水珠那样容易的事。把气体液化需要很低很低的温度，实验上很难达到这样的低温。当时，只有少数几种气体被液化，例如氯气、氧气、氮气和氢气。1898年把氢气液化以后，不少人以为液化氢气所达到的低温已经低到底了，要想再液化惰性气体氦气怕是不可能的了。有些人想了许多办法，做了十多年的实验，都没有成功。

昂内斯对这件事的难度了解得很清楚，所以准备工作做得很细致。他事先对氦气的液化温度做了理论估算，预计是5～6

荷兰物理学家昂内斯

开。这里的"开"是绝对温度单位，绝对零度相当于零下273.15摄氏度，5开相当于零下268.15摄氏度，可见这个温度多么低！昂内斯不仅储备了大量氦气供液化使用，还制备了75升液化空气作冷却剂，其中有20升液氢。清晨5点，实验开始了。他们往氦液化器中小心翼翼地灌入液氢，进行预冷。到了下午1点半，20升液氢已全部灌进氦液化器，开始让氦气在里面循环。于是，液化器中心的恒温器开始进入低温，这个温度是靠氦气温度计显示。过了一段时间，大家却看不到温度的变化。于是，有的调节压力，有的改变膨胀活塞，大家用尽了办法来促进液化器的工作效力，都没有效果，温度计的指示器仍旧一动不动。到了晚上7点半，里面的液氢快用完了，还是没有发现液氦的迹象，眼看就要以失败告终。在这快要收场的时刻，一位闻讯赶来看结果的教授，看到此种情景后对昂内斯说，氦气温度计本身的氦气会不会也被液化了，能不能从下面照亮容器，看看到底怎么了。昂内斯一听，顿时恍然大悟，马上照办。观察的结果使大家喜出望外，原来氦液化器中心的恒温器中已有了液体，通过光的反射便能看到液面。氦气终于被液化了！他们实现了4.3开的低温。氦的液化不仅本身就是件大事，而且导致了超导电性的发现。

在极低温度下，物质的性质有没有特别的变化？金属的电阻在绝对零度附近会怎样变化？为了弄明白这个问题，昂内斯挑选了水银做测定。1911年4月的一天，昂内斯让助手霍尔斯特做这个实验。待测的水银样品是放在氦恒温槽中，通过测量恒定电流经过水银时的电位差来确定它的电阻。出乎霍尔斯特的意料，当温度降到氦的沸点4.2开时，电位差突然降到了零，即电阻突变为零。昂内斯得知这一情况后，开始也不相信是真的，他自己又多次重复这个实验后，终于确认了这个奇特的零电阻效应。昂内斯在这年4月28日宣布了这一发现。后来他又测得锡在3.8开时没有电阻，铅在7.2开时没有电阻。他在1913年宣布说，这些材料在低温下"进入了一种新的状态，这种状态具有特殊的电学性质"。这种特殊电性被叫作超导电性，进入超导态的材料叫超导体。由于发现了超导现象，昂内斯荣获1913年诺贝尔物理学奖。

几十年来，尽管人们对超导现象的本质有所了解，超导体的低耗能优越性也显而易见，但人类对超导的实际应用却非常迟缓。这是为什么呢？我们只要想想昂内斯发现水银超导的那个温度就能不言自明。那可是4.2开！一种材料从正常态进入超导态时的转变温度叫作临界温度。不同的材料有不同的临界温度。直到1985年，人们发现的超导材料的临界温度都很低，都在23.4开以下。显然，这个低温条件限制了超导技术的应用。因此，要想应用超导，就得设法提高临界温度。从几十年前起，人们就努力研究氧化物超导体，希望找到高温超导材料。从1986年开始，临界温度的最高纪录就不断被刷新。例如，从30开、37.5开、40开、48.6开、78.5开、98开到105开、123开、125开。这一系列重大突破对超导材料的实用化有着深远的意义。德国科学家缪勒和瑞士科学家柏诺兹，是最先发现氧化物超导体

超导的发现

的，他们为寻找高温超导材料开辟了一条新路，因此荣获1987年诺贝尔物理学奖。

超导的应用将涉及能源、交通、自动化、通信、地质、医学、军事和基础科学等广泛领域，例如电能输送、超导磁悬浮列车、超导电子计算机、医学临床应用和军事应用等方面。这里举一个我们喜闻乐见的例子：1998年4月14日，在日本山梨县实验路线上，磁悬浮列车在行驶实验中时速达到每小时552千米，创世界铁路行车时速的新纪录。当天的实验列车由5节车厢组成，乘客13人，总负荷为10吨。在刚刚到来的21世纪里，不久之后当我们坐上超导磁悬浮列车时，有谁不为造福于我们的科学而感慨呢？

● 魔术般的超流现象

世界真奇妙，不看不知道。让我们先来看如下演示：把一只空烧杯放进某种液体中，盛满液体后，就把烧杯逐渐从液池中往上提。当烧杯口提出液池的液面后，你会发现一种奇怪的现象：原本是满满的一杯液体此时却在自动地减少，杯内的液体沿着烧杯的内壁向上爬行并翻过杯口顺外壁而下，在杯底外面形成液滴后又滴落到液池中，直到杯内液体一滴不剩为止。这像不像玩魔术呢？你肯定会说，何止像，简直比魔术还神奇！而实际上，这是一种实实在在的物理现象，是低温液体的

爬行膜效应，我们上面说的液体是一种叫作液氦Ⅱ的液态氦。

我们都熟悉常温下的一些物质形态，但对低温下尤其是极低温度下的情况不甚了解。此时，物质的性质有没有特别的变化？这个问题不只是让我们好奇，同样也吸引着许多科学家。100多年来，正是这个问题促使一代代的科学家前赴后继，让一些在常温下被掩盖了的现象在低温下显示出来。这一点不仅大大丰富了人类对物质世界的认识，而且在现代科学技术的应用中有着非常实际的意义。例如，1986年1月28日美国"挑战者"号航天飞机的爆炸事件，这个震惊世界的人类悲剧就是由寒冷对物质的影响而直接酿成的。

"挑战者"号航天飞机爆炸时，离起飞刚过1分钟，7位宇航员全部遇难，数以千万计的电视观众眼睁睁地看着它升空和爆炸。在事故调查中起决定作用的是理论物理学家费恩曼，他发现是密封垫的橡胶在零摄氏度以下不再有弹性而直接导致了这场灾难。这种密封垫是帮助发射航天飞机进入轨道的两个固体燃料助推火箭的一个部件。助推火箭是由几个圆柱形的部件接合而成的。密封垫是用橡胶做的圈，嵌在两部件的接合处，为的是把结合处封紧，以防在燃料燃烧时热气从缝隙泄漏。如果在发射中密封垫完全失效，就会导致机毁人亡的惨剧。用作密封垫的橡胶在室温下富有柔韧性，而在冰点以下只需几秒钟就会失去弹性。"挑战者"号升空的1月28日当地温度只有零下2摄氏度，是寒冷使密封垫失效。对物质特性可能随温度而变化这一点的忽视，竟产生如此严重的后果。上述例子中说的低温是普通意义上的低温，远不是液化气体时的极低温度。

1908年，氦气终于被液化了。攻克这一低温堡垒的是荷兰物理学家昂内斯。氦气的液化不仅本身就是件大事，而且还导致了超导电性和超流动性的发现。而这两种物质特性，都是量子现象在宏观尺度上显示出来的效应。

在超导电性被发现之后，人们又发现液态氦具有一些和普通液体极不相同的特性。当液氦被冷却到2.17开时，液氦会发生相变，变成另一个新的液相，而且新的液相可以保持到绝对零度。不同"相"的区别，就像液体相（比如水）有别于气体相（比如水蒸气）一样，新相的液氦与在较高温度时的液氦也不相同。这个2.17开被称为液氦的转变温度。高于2.17开的液氦被称为氦Ⅰ，低于2.17开的液氦被称为氦Ⅱ。氦Ⅰ的性质和普通液体一样是正常的，而氦Ⅱ则显示出一种非同寻常的性质——超流动性。

液体能够在细微的毛细管中潜行或者流过狭小的缝隙而不会遇到任何阻力（或说不呈现任何黏滞性），这种性质称为超流动性，这种液体称为超流体。

1938年，苏联的科学家卡皮查和英国的艾伦等人同时发现了氦Ⅱ的超流现象。他们发现，氦Ⅱ能以每秒几厘米的速度流过光学抛光的玻璃贴面间的缝隙（约为几万分之一厘米）。后来人们又发现，这种超流体甚至能爬上容器的壁而逃逸，即出现前面说过的爬行膜效应；或是从小得连气体也不能通过的微隙中渗漏出来。这是怎么回事呢？

到了20世纪50年代初，科学家们对超流之谜给出了理论解释。苏联科学家朗道和美国科学家费恩曼，各自独立地建立了超流理论。他们的基本思想是一致的，都是把液氦Ⅱ看作是两种独立的液体的混合体。这种二流体模型是说，可把一部分流体看作是正常液体，具有普通液体的性质；另一部分则看作是处于绝对零度状态的超流体，此时液体会全部处于最低极限量子能量态。超流体的这种解释是基于把所有氦原子看成是由像光子或电子似的粒子组成的理想气体。这样，氦原子之间的相互作用可归结为这些粒子的量子性质，在低于2.17开时，部分液体的行为与玻色子（例如光子）气一样，而余下部分则与费米子（例如电子）气的行为相同。因此我们可以简单地这样来看，一种带有类似气体性质的液体，它别具"飘逸"的风采就不太奇怪了。

在液氦的理论研究方面，费恩曼在20世纪50年代就很有名望，唯一的一个与他对等的是朗道，而且费恩曼自己也这么认为，他把朗道看成是他的苏联的对等者。不久之后，因为"物理凝聚态理论的研究，特别是液氦的开创性理论"，朗道荣获了1962年诺贝尔物理学奖。他在获奖演说的引文中明确地提到了费恩曼在液氦理论方面的工作。费恩曼之所以未获奖，主要是因为他的更有名的杰作是量子电动力学，因此没有人真正考虑过把那年的奖让他与朗道平分秋色。3年后，因为在量子电动力学方面所做的工作，费恩曼荣获了1965年诺贝尔物理学奖。

● 原子弹之父——奥本海默

罗伯特·奥本海默1904年4月22日生于美国纽约。他的父亲是个纺织品进口商，作为一个德国移民，从小小的起点逐步发展为一个很大的商行。罗伯特的母亲出生在美国。这个家庭的成员都是犹太人，可是他们并不信仰犹太教。罗伯特进了道德文化学校，对一个脆弱的孩子来说，这是个平和的环境。在整个孩提时代，他经常生病，不出去玩而是专注于智力上的消遣。12岁的时候，他给纽约矿物学俱乐部作演讲，俱乐部的人对他的早熟又惊又喜。他的身材瘦长，成年后有183厘米，而体重还不足57千克。

他记得自己"是个相当油滑的、惹人烦的孩子"。然而他并不缺乏勇气。14岁那年他参加了夏令营。营中爱欺负人的小子粗暴无礼地袭击了他，把他的衣服剥光，赤身裸体地锁在冰窖里过了一夜。然而他一直坚持待到夏令营结束，这种事再也没发生过。他以班里第一名的成绩从道德文化学校毕业，后来就上了哈佛大学。他提前一年完成了古典著作与科学的综合课程。大家普遍认为他是个前途无量的人。

　　1925年，他去了剑桥，准备参加卢瑟福的小组，可是卢瑟福没有要他，于是他就和汤姆孙一起工作。汤姆孙是位诺贝尔物理学奖获得者，还是皇家学会的前任主席。汤姆孙已辞去卡文迪什教授职位并让位于卢瑟福这个年轻人。奥本海默发现，在剑桥他自己实质上是个理论家。当时量子力学已经建立了，但是他却不能像他所期冀的那样做出富有意义的贡献。汤姆孙是否能对他有很大帮助，还是个疑问。可是，奥本海默确实设法要在量子力学的应用领域中做些有用的事。后来他认识到，剑桥并不是个适合他的地方。受到玻恩的邀请，在格丁根他找到了更适合自己的位置。这里是新量子力学的中心，海森伯和玻恩还有数学家乔尔旦都在这儿。与薛定谔和其他许多人一样，丹麦的大科学家玻尔也是这儿的一位常客。

　　奥本海默非常渴望能成为这一领域中的一位领头人，但他并不是。他改为与玻恩合作，机智地转入了分子物理领域。他们的工作是重要而受敬重的，可是也并不是处于最前沿。1927年5月，他获得了博士学位，他的成绩门门都出色。对于发展其他人的理论，他是卓越的，然而，他不是狄拉克和海森伯，而且他意识到了这一点。

　　1928年他回到美国，在几个学校中作了选择。他选择了加利福尼亚大学伯克利分校。这个选择令人吃惊，因为那是在劳伦斯靠他的回旋加速器使它成为世界物理学中心的5年之前。奥本海默说他选择来这儿，是因为伯克利很好地藏有16世纪和17世纪的法国诗歌，这多少有些让人难以置信又相当地矫揉造作。

总的来说，那时的伯克利是个很不活跃的地方，并不像现在这么显赫。也许有人会感到奇怪，他是不是宁愿待在一个没有他曾在东海岸遇到过的那种世界级大人物的地方。到了20世纪30年代，伯克利有了发展，尽管蜂拥而来的欧洲人都渴望在新的回旋加速器上工作，奥本海默却转到了帕萨迪纳。在量子电动力学中，尽管他总是有合作者，还形成了一个很好的学派，他本人仍保持了某种多少有些孤独的方式。

他的论文主要发表在《物理评论》上，从1928年至1948年这段时间，论文数达到47篇。考虑到他所做的其他事情，这个数量是相当可观的，但那些事是不能公开展示的。不论情况如何，他认识到他不会居于领头人的位置。可是，他还具有其他的才能。他是一位令人鼓舞的导师，一位卓越的谈判者，而且一旦时机来临，他还是一位伟大的领导者。在危急关头，他唤起了众多各式各样的个人主义者和很难相处的天才人物的忠诚。

1941年10月，奥本海默初次参加原子弹工程，当时已经发生了一件重要的事情。在纽约的哥伦比亚大学，一位来自法西斯意大利的逃难者，1938年诺贝尔物理学奖获得者费米，组织了许多装配工，来试验原子反应堆的可能性。这项工程需要一座大房子，在芝加哥大学体育场看台底层的下面找到一个废弃的打网球的院子恰好为其所用。1942年12月2日下午3时48分，费米的小组在那儿成功地进行了一次关键的反应。西拉德对费米说："……这是人类史上黑暗的一天。"西拉德之所以这样说，是因为他预见到了滥用核能的危害性。

核能源的出现，在当时动荡的世界上带给科学家的不仅是惊喜，还有不安和恐惧。

利害相连的核能源

　　与西拉德和费米相比，奥本海默很晚才参加这个工程。1927年诺贝尔物理学奖获得者康普顿既负责反应堆的工作又负责炸弹的研制，他派布伦特负责快中子的研究。布伦特认为安全防护措施很是草率，他以辞职来表示抗议。他认为，有些人特别是费米太热衷于此事了。可费米不为所动，仍坚持做下去。奥本海默是在1942年6月被任命的，代替布伦特的位置，并且在伯克利设立了一个理论小组。因此，奥本海默上任之时，工程正处于冲突的局面之中。

　　不久，奥本海默被格罗夫将军任命为新炸弹实验室的负责人。这位将军是曼哈顿工程的总负责人，该工程也是由他重新命名的。格罗夫和奥本海默是一对奇才。这项工程总耗资为20亿美元，可不是少量的钱。格罗夫是位工程官员，他曾负责建造了耗资100亿美元的五角大楼，因此已习惯了大笔花钱。如果承担曼哈顿这个原子工程，他将被提升为一星级将军，可是他一直希望得到一个在海外的职位，那样会提升得更快些。他的父亲是位军队的牧师，而且他从小一直在军队背景中长大。他是一名成绩优异的西点军校毕业生，而且还在麻省理工学院和华盛顿大学学过工程学。他长得很结实，其实体重有点超常，外表有些不讨人喜欢。对待以过分简单化为目的的科学家们，他更是过分地简单化。总的来说，他不喜欢他们。不论是由于什么原因，与对待科学家们的态度截然相反，他唯独喜欢奥本海默。奥本海默，这位能识法语、德语、意大利语、俄语、希腊语和梵语，崇尚美学的哲学家和物理学家，竟和这位粗鲁而朴实的将军，结成了莫逆之交。看来格罗夫在奥本海默身上已找到一些能让他产生信任感的品质；与以往与那些他不喜欢的人相处时的感受大不相同。格罗夫只是嫌奥本海默不太懂得消遣。从上面所谈到的，可见奥本海默是位综合素质很高的科学家。

尽管奥本海默在领导和管理原子弹工程时已经是一位颇有名气的科学家，但他的物理成就与诸多诺贝尔奖得主的成就相比并不显赫。在人才济济的曼哈顿工程中，从成就、资历和年龄等方面讲，他都谈不上占优势。然而，正是这位看

似平凡的人，却把诸多不平凡的人团结在一起，做成了一件惊天动地的事。

● 远见卓识的管理天才

与包括行政官员在内的各式各样的人相处，取得众人的信任和支持，乃是事业成功的保证。在与奥本海默一起工作的军界人士中，像格罗夫将军那样不太喜欢科学家的人不算少。例如，曼哈顿工程的安全官员兰斯代尔上校就曾不加掩饰地评论说："科学家们大体上存在一个相当难以解决的问题。就我所能判断的最可能的理由是，除了一些相当出众的人例外，他们缺乏我称之为宽容的素质。在他们那个领域中，他们的确是有能力的，但是在他们所选择领域中的实际能力，使他们误以为自己在其他任何领域中也同样有能力。当你让他们聚集在一起的时候，结果是使得管理工作非常困难。这是因为，他们每个人都认为自己比任何一个陆军官员能更好地管理由陆军任职的管理部门。例如，对任何生活细节或者保安细节或者其他任何事情，他们都会毫不犹豫地这么说。我希望我的科学家朋友能原谅我直言不讳，可恰恰是他们的这种本质使得事情非常困难。可以这么说，在战争期间，我变得极为不喜欢他们所表现出的这些特点。"

在奥本海默的科学家同事中，以前已获诺贝尔物理学奖的有康普顿、费米和劳伦斯；以后获奖的有拉比、张伯伦、塞格雷、维格纳、费恩曼和贝特；还有后来被称为"氢弹之父"的泰勒等诸多著名人物。这些人风格迥异，各有专长和特色，也各有各的脾气。奥本海默不愧为曼哈顿工程的科学领导者的理想人选，他为科学家与军事管理者之间搭起了一座桥梁。他既有该工程所需要的科学上的透彻理解，又能密切地关心在洛斯阿拉莫斯工地上的所有人，他似乎认识每一个人，甚至是建筑工人，都能叫出他们的名字。他不带任何强迫性地向人们转达了这项工程非同寻常的紧迫感。对每个实验和理论项目他都明智地加以关注。他不仅恰到好处地解决了科学家之间的一些摩擦问题，还令人感动地具体照顾一些人的生活。例如，费恩曼的新婚妻子长期患病，奥本海默就在阿尔伯克基找了个疗养院供她居住，以便离工地尽可能地近一些。费恩曼为他这种对个人生活的关心深深感动，与其他许多人一样，甘愿为"奥本"做任何事情。就连一开始就与奥本海默不和后来变成"对头"的泰勒也评价说："奥本海默可能是我所见到过的最好的实验室负责人，这是由于他的头脑有极大的灵活性，由于他成功地极力去了解实验室的每一个重要的发明，也是由于他对其他人的非凡的见解……"

让所有参与者都懂得参与项目的基本知识和工作的意义，从而激发人们的主观能动性和工作热情，乃是事业成功的关键。在这一点上，奥本海默对橡树岭工厂的管理方法值得我们效仿。工程开始之初，用于原子弹的铀已经在田纳西州的橡树岭真正地分离出来了。当时，做此工作的那个工厂的工人们不知道他们为何而做。而且工作进展得也是既缓慢又艰难。后来，洛斯阿拉莫斯队的塞格雷被派到橡树岭去查明其中的一些问题。在完成对工厂的基本检查的时候，使他震惊的是，他发现大量未经提纯的硝酸铀以溶液的形式存放在巨大的罐子里。如果纯的铀—235也如此存放，就会发生爆炸。负责橡树岭工程的军人仅知道一定量的纯铀—235会导致爆炸（因此称之为临界质量），但他们却不懂得，通过水而被减速的中子在引起裂变时效果会大得多。哪怕是相当少的铀—235在这样的溶液中也仍然是危险的。塞格雷把收集到的有关在橡树岭的铀是如何提纯如何存放的所有信息带回来了。洛斯阿拉莫斯的科学家们研究了这些信息，并制定出适当的保安程序。接下来，需要有人

原子弹工程可不容得丝毫马虎

去橡树岭，给那儿的工作人员讲清楚。这件事，除了费恩曼之外还有谁行呢？费恩曼临行之前，奥本海默告诉他怎样讲才能真正让人听得进去，如果在安全方面还有什么问题的话，那他只好这样说："洛斯阿拉莫斯无法对橡树岭工厂的安全负责，除非……"这句话还真是灵验。费恩曼到橡树岭讲解了每一件事，比如裂变是怎么回事，中子是个什么角色，以及它们在通过不同的物质时如何起作用，等等。为避免过多的纯铀—235堆在一起，还对工厂做了重新设计。随之而来的是，劳动大军变得对此工程更加热情，工作效率也大大提高了。其中很多人感到，"奥本"和费恩曼，阻止了一场灾难性的事故，挽救了他们的生命。

识才、爱才、惜才，才是"管理天才"。在曼哈顿工程开始时，费恩曼刚刚获得博士学位，在科学上还几乎一无建树。然而，"奥本"确如能识千里马的伯乐，在工程尚未完工时就想把费恩曼"挖"到伯克利加利福尼亚大学他自己的研究基地。在1943年11月4日他写给伯克利物理系主任伯奇的信中，奥本海默把费恩曼描述成："那里最卓越的年轻物理学家，每个人都知道这一点。他是一个具有十分可爱的品格和个性的人，在所有方面都极其精明、极其典型，他还是一个对物理学的所有方面都有强烈感情的出色教师……贝特说过，在现有工作中他宁可失去共事的任何其他两位同事也不愿失去费恩曼。维格纳也说：'他是第二个狄拉克，是当今独一无二的佼佼者。'"这还不足以让伯克利马上为费恩曼提供一个职位。6

个月以后，在1944年5月26日，奥本海默仍然在用他自己的脑袋向着那里的官僚砖墙撞击："大学对那些它们想在战后拥有的年轻人做些许诺，这并不是什么非常的事情……（费恩曼）不仅是个极其卓越的理论家，而且是个异常直率、富有责任心和满怀热情的人，是个才华横溢并善于讲解的教师，是个不知疲倦的工作者。他会以罕见的天赋和罕见的热情来进行物理教学……他正是我们伯克利期望已久的人，他会为整个物理系做出贡献，并将带来过去所缺乏的学术实力。"

后来的事实完全证明了"奥本"的预见。费恩曼不仅成为1965年诺贝尔物理学奖获得者，而且近年还被英国《物理世界》评选为有史以来世界上"10位最伟大的物理学家"（爱因斯坦、牛顿、麦克斯韦、玻尔、海森伯、伽利略、费恩曼、狄拉克、薛定谔、卢瑟福）。可见"奥本"的远见卓识，不愧享有"原子弹之父"和"管理天才"的美称。

● 能照亮月球的激光

　　20世纪物理学的辉煌成就之一是发现了激光，尤其是发明了激光器。激光的概念早在1917年就由爱因斯坦提出来了。我们知道，原子从高能级往低能级跃迁时会放出光子。引起跃迁的原因有两种，一种是以前就知晓的自发辐射跃迁，它是由原子内部运动状态的变化引起的；另一种是爱因斯坦提出的受激辐射跃迁，它是由外来光子刺激（或说诱导）原子而引起的。所谓激光，就是物质的原子因受激辐射跃迁而发出的光。激光具有单色性、方向性、相干性以及高亮度等特点。

　　激光的原理并不深奥，但在实验上要实现受激辐射却不容易。因为在通常情况下的各种物质，低能级上的原子数目总要比高能级上的多，而实现受激辐射的条件却恰恰与此相反。这个条件很早就有人研究过，但直到1939年才得以明确。这年，苏联科学家法布里康特提出了用实验方法直接验证受激辐射的思想。他明确指出，受激辐射的条件是实现粒子数反转，就是让处于高能级上的原子数目比低能级上的多。在受激辐射概念和粒子数反转条件明确之后，激光的发明过程仍然是曲折的。激光的基本概念本来是针对可见光波段提出的，但科学家们却是先在微波波段根据受激辐射原理制成了微波激射器（所发射的

是微波，而不是波长要短得多的可见光的光波），最后才研制成激光器。更有趣的是，发明激光器的人和他选用的材料，二者都出人意料。

在第二次世界大战后，美国哥伦比亚大学的物理学家汤斯应军方邀请，做缩短雷达所使用的电磁波波长的研究工作，但长时间没有进展。经过思索，有一点是清楚的：即需要制造一种非常小的精密的振荡器的方法。这意味着：任何现实的希望都必须建立在寻求一种利用分子的方法上。这点使汤斯豁然开朗！他设想的分子振荡器，即用氨分子束的受激辐射实现微波振荡的氨分子振荡器，果然在1953年由汤斯小组研制成功。氨分子振荡器的重要意义在于，它证实并综合了受激辐射、粒子数反转和电磁波放大等基本概念，并用自身证明了期望已久的一点：根据这些概念可以制造出实际可用的器件。不久之后，苏联列别捷夫物理研究所的巴索夫和普洛霍罗夫也制成了氨分子振荡器。1956年，固体微波激射器也研制成功。这些都为激光器的诞生奠定了基础。微波激射器引起了很多科学家的兴趣并得到广泛应用。1958年12月，汤斯和他的朋友肖洛联名在《物理评论》上发表了"红外与光激射器"的经典论文。这篇文章吸引了很多人。大家都想在激光器这个项目上夺块"金牌"，竞争非常激烈。要让人猜的话，很多人都会说，这块金牌非汤斯和肖洛莫属。汤斯自己也深信最先可能在钾蒸气中得到成功，因为在汤斯和肖洛的论文里就已经提出了设计方案：以钾蒸气作为发射激光的材料，用钾灯向这些材料输入能量，从而制成红

粒子数反转

外激射器。事实上汤斯早就着手试验了。肖洛则转向对红宝石的研究。肖洛经过一番研究后的结论是，用红宝石作激光材料不合适，因为它的量子效应（指发射的光子数与激发时吸收的光子数之比）太低。巴索夫则提出了用半导体材料来制作激光器的方案。1959年9月在纽约召开的首届国际量子电子学会议，收到的有关激光器的设计方案就有几十个。

真是"半路杀出个程咬金"，夺得激光器金牌的竟是名不

见经传的美国休斯飞机公司研究所的梅曼。1960年7月7日，纽约时报以"激光器产生的新的原子辐射光"为题报道了梅曼制成的红宝石激光器。同年8月6日英国《自然》杂志发表了梅曼的"红宝石的光激射作用"的论文，对红宝石激光器做了更为详细的介绍。

其实，梅曼发明红宝石激光器并非偶然。他从1956年起就研究红宝石微波激射器，从而对红宝石有很深的了解。他虽然知道肖洛对红宝石的研究结果，但这种晶体的其他性能深深吸引了他。经过反复试验，尤其在证实了红宝石的量子效应不是人们说的1％那样低而是高达75％之后，他便深信含铬量适当的红宝石晶体是理想的激光材料，并预料最先成功的不大可能是气体，因为"它涉及的过程太复杂了"。1960年夏天，梅曼确信自己得到了激光，就借记者招待会公布了他的实验结果。经过半个世纪的孕育，激光器终于诞生了。世界上第一台激光器所用的泵浦源是螺旋形的脉冲氙灯，直径为1厘米、长为2厘米的红宝石棒刚好可以套在螺旋氙灯里面。两端镀有银膜的红宝石棒构成谐振腔。输出的光的波长是694.3纳米，即为红光。在随后的几个月中，又有好几种激光器研制成功，其中包括第一台连续波运转的激光器——氦氖激光器。我国第一台激光器于1961年9月由中国科学院长春光学精密机械研究所制成，使用的材料也是红宝石晶体。

激光器问世后的三十几年里，各种类型的激光器不断出现，性能也日益完善。按激光器的工作物质可分为固体激光器、半导体激光器、气体激光器、液体激光器以及自由电子激光器。在固体激光器中，首先研制成功的红宝石激光器是以掺氧化铬的氧化铝晶体为工作物质，三价铬离子为激活离子。至今已发现的激光晶体和激光玻璃有好几十种，激活离子除了大多数稀土元素外还有过渡元素，所制成的激光器其输出波长分布在紫外到近红外区内。半导体激光器的特点是体积小、重量轻，又能作为光纤通信中的光源，因而得到迅速的发展。目前能制成这类激光器的材料有砷化镓、铝镓砷、铟镓砷、铟砷锑、铅锡碲等，其输出大部分在红外区。气体激光器中，已有几千条谱线的输出覆盖了从真空紫外直至远红外的广阔波段范围，已在金属加工、激光化学和激光医学等领域广泛应用。液体激光器中最重要的是染料激光器，目前已有的上百种染料激光器，其输出波长从近紫外到近红外区均可调谐，因而在光谱学、激光化学等领域应用很广。自由电子激光器的工作物质是电子束本身，当自由电子在真空中做加速运动时就会辐射电磁波，这样其能量耦合到激光辐射上就会形成激光放大。

自由电子激光是近年来发展的尖端科学技术。1960年由美国学者首先发明了厘米波段的自由电子激光，20世纪60年代中期又将工作波段推进到毫米波段，1977年在美国斯坦福线性加速器中心成功地研制出了利用高能电子产生红外波段的FEL振荡。在这一高科技领域中，我国的北京自由电子激光装置也在1992年首次观测到峰值波长为8.3微米、谱线宽度为4.2％的自发辐射谱，不久后得到了红外波段的自由电子激光信号，这标志着我国的

激光研究已达到了一个新的高度。

迄今，激光技术已在基础科学、军事科学、医疗卫生、生物工程、生产领域和日常生活等各个方面起着重要而显著的作用。它在任何一个方面的应用，其实例都不胜枚举。只要稍微留意一下周围，你就能亲身感受到那几乎无所不在的激光技术。看一眼现代化办公室，激光打印机、激光彩色复印机、激光分色机以及激光文字照排系统等都已司空见惯；闲暇时逛逛商店，从琳琅满目的商品上贴有的激光防伪标签可以看出，现代人自我保护意识的实现也得益于激光。现代人有现代人的节奏，现代人有现代人的享受。当劳碌一天的你在自己温馨的家里听那激光唱片发出的音色纯美的乐曲时，不也是在品尝20世纪科学成果的甜美滋味吗？

● 能看见原子的显微镜

大家知道，我们的眼睛看到一个物体，是看到它发出或者反射的光并把光转变成信号，再由大脑把信号理解为相应的图像。然而，肉眼所能看到的东西有限。哪怕是最好的眼睛，也无法辨别大小在微米以下的物体。要想看到这样小的东西，就要靠显微术，也就是要靠放大镜或显微镜。

17世纪后期发明显微术的列文虎克见过大小约1微米的细菌，这是用光学显微镜所能看到的差不多是最小的东西。因为对于一个显微镜来说，它能够分辨的物体尺度与它使用的光的波长成正比。波长越短，能够看清的东西就越小。一般光学显微镜使用的是波长介于0.39～0.76微米的可见光，用它可以分辨相距0.2微米的两个小点。对那些尺度比可见光波长小得多的东西，靠传统的光学显微镜是看不见的。要想看到更小的东西，就需要更短的波长，或者要增加特殊的设备。

除了X光和γ光的波长很短之外，所有微观粒子都具有像光波一样的波动性，而且能够让波长很短。因为粒子的动量越大或者说运动得越快，波长就越短。例如，电子在150伏电压下的波长为0.1纳米或者说10^{-10}米，这个尺度刚好是原子的大小。于是，科学家们就利用粒子的波动性来制造粒子显微镜。

1932年，德国科学家鲁斯卡和克诺尔制造出了世界上第一台电子显微镜，由于还比较粗糙，当时的放大倍数仅达到400倍。它的原理同光学显微镜类似，只是用电子代替了光子，用能通电流的线圈做成的电磁透镜代替了玻璃做的光学透镜。利用光学透镜适当地操纵光线，就可以使眼睛看见物体的放大像。同样，利用磁场适当地操纵电子波，也可以使照相底片记录下物体的放大像。1937年，多伦多大学的希利尔和普雷伯斯又制成了放大倍数为7000倍的电子显微镜，后来又发展到能放大200万倍，而最好的光学显微镜放大到2000倍就是极限了。由于电子波的波长比普通光的波长短得多，电子显微镜在高放大倍数时所能达到的分辨率也要比光学显微镜高得多。利用计算机模拟和成像技术，用电子显微镜不仅可以看到尺度小于微米

的物体的形貌，而且还可以测定物体几微米厚的表层的元素分布，例如细胞中的元素分布。虽然电子显微镜是研究物质微观结构的有力工具，但它还有一些不足的地方。例如，它不能分辨0.1～0.2纳米那样厚的表层形貌，即看不见物体表面的原子排列。而现代科学的发展，需要有精确到原子尺度的显微技术，也就是要能够看到原子。这真是神话般的要求，可这个神话真的实现了！

这个神话的实现，根源在于微观世界的一个神奇的效应，这就是"隧道效应"。隧道效应是苏联科学家伽莫夫1928年从理论上发现的。微观世界里怎么会有隧道呢？其实这只是拿我们熟悉的事物来打比方。假如一个人被一座大山挡住了去路，他又没有力气爬上山顶翻过去，那他就只能在山这边待着，这是我们日常世界的经验。如果这个人鬼使神差般地到了山那边，就像脚下有条穿山隧道那样不用翻山就过去了，这就是量子世界的隧道效应。类似地，一片金属中的电子，要想越过一块绝缘材料而跑到对面的金属片中去，起阻隔作用的绝缘材料就像一个势能山垒，把电子关在势垒这边。按照普通的电磁学，这边金属片上的电子只有在获得足够高的能量后，翻越势垒的山顶才能跑到对面那片上去；而在量子力学里，这边的电子不需要增加能量，就有一定的机会不费力气地沿隧道穿过势垒屏障到达对面。隧道效应，多么像笑话故事中的"穿墙术"啊！

由于隧道效应，两块金属片之间就形成隧道电流，而且这个电流有个奇特的性质，即在一定的电压下，隧道电流随间距

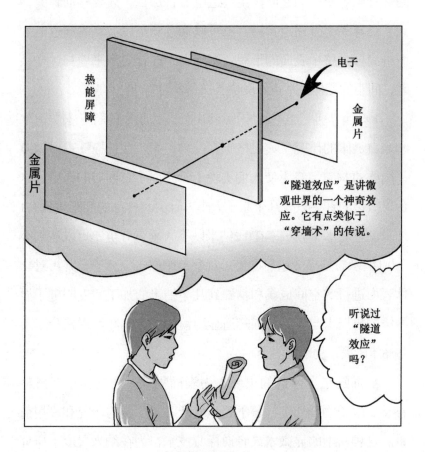

神奇的隧道效应

的增加而急剧地减小。当间距改变一个原子的尺度时，电流就改变数十倍或数百倍。既然隧道电流对间距如此灵敏，那么就可以利用这种关系来制造新型的显微镜。如果有一根极其尖锐的探针同金属样品之间产生隧道电流，那么，只要移动针尖，让它在样品上方逐点扫描，就可以通过测量每一点的隧道电流而得到样品整个表面的形貌。实际上，在针尖水平地扫过样品时，间距的变化关系正好反映了样品表面的凸凹程度。

1981年，瑞士苏黎世国际商用公司实验室的科学家罗雷尔和来自德国的研究生宾尼格研制成功了第一台扫描隧道显微镜（简称STM），终于使人们实现了看到原子真面目的愿望。这台显微镜的针尖只有几个原子大小，针尖离样品的间距也只有1纳米。它的水平分辨率在0.2纳米以下，垂直分辨率可以达到小于0.1纳米。扫描隧道显微镜可观察单个原子、分子，并可对物体表面进行实空间成像和精细到几个纳米的加工。发明电子显微镜的鲁斯卡与发明扫描隧道显微镜的罗雷尔和宾尼格分享了1986年诺贝尔物理学奖金。

扫描隧道显微镜的出现，为表面物理、化学作用、材料科学、原子物理和生物科学等学科开辟了广阔的研究和应用前景。这种新型的显微术或者说探测技术，为在纳米尺度上研究物质表面结构和性质提供了强有力的工具，而且在金属、半导体、生物和材料等领域已有卓见成效的应用。这种显微术还可作为一种表面加工工具，在纳米尺度上对材料表面进行刻蚀与修饰，甚至进行原子操纵，实现纳米加工这种原本不可思议的神话。例如，中国科学院化学研究所用自行研制的扫描隧道显微镜，在石墨晶体表面刻写出线条宽度为10纳米的文字和图案（中国地图和中国科学院的英文名称缩写"CAS"）；美国IBM公司的科学家用扫描隧道显微镜在铜表面上把48个铁原子排列成一个圆形环状，铁原子之间的距离只有0.9纳米。

可见，20世纪20年代所发现的量子力学中的"穿墙术"，这个微观世界的神奇效应，已在如今的日常世界起着有目共睹的重要作用。预计在不久的将来，一些微观效应的应用前景会更为壮观！

扫描隧道显微镜家族

● 从半导体到万维网

泡酒吧是件惬意的事，而今泡"网吧"更是"酷"。"网吧"这种新东西和如"酷"样的时髦话，随着因特网和万维网的出现应运而生。科学技术的发展改变了人类的生产方式和生活模式，创造了一个个新时代，例如蒸汽时代、电气时代和原子能时代。在最近二三十年里，由电子计算机技术和通信技术组成的信息技术又彻底改变了我们的社会，为人类创造了又一个新时代——信息时代。如果将万维网即3W的发明作为信息时代的标志，那它就是从1990年开始的，因为在这年欧洲核子研究中心研制出第一个浏览器和服务器，建立了世界上第一个3W系统。我们今天能泡网吧是因为有了万维网；万维网是从因特网发展而来的；因特网离不开电子计算机；计算机又靠的是集成电路和半导体。追溯到此便知，如今让人眼花缭乱的电子世界，乃是从半导体技术和集成电路发展而来的。

2000年诺贝尔物理学奖正是授给了在信息和通信技术方面做出了基础性工作的3位科学家。一半奖金授予俄罗斯圣彼得堡约飞物理技术研究所的科学家阿尔费罗夫和美国加利福尼亚大学的科学家克勒默，奖励他们研制了用于高速光电子学的半导体异质结结构晶体管；另一半授予了美国得克萨斯仪器设备公司的科学家基尔比，奖励他在发明集成电路上的成就。

微电子技术是微小型电子元器件和电路的研制和生产的技术。它开端于半导体导电性能的研究，崛起于晶体管效应的突破性发现，发展于集成电路集成度的提高阶段。微电子技术的空间尺度在微米（10^{-6}米）和纳米（10^{-9}米）之间。

在半导体晶体管效应被发现之前，在无线电、计算机和微波雷达等领域中，所用的都是真空电子管。例如，1946年2月在美国莫尔学院研制的电子数值积分器和计算器，即世界上第一台电子计算机，就是用真空电子管组装而成的。它用了18 000个电子管，体积为90米^3，质量30吨，占地150米^2，而功率仅为140千瓦，运行速度每秒5000次，存储量只在千位，稳定运行时间只有7分钟。可见，真空电子管的体积大、重量大、功耗大和预热启动慢等局限性，已不适宜于微电子技术的发展。因此，隶属于美国电话电报公司（AT&T）的贝尔实验室，1945年成立了一个固体物理研究小组，专门从事以半导体材料为主要目标的研究，以探索一种既能克服电子管的缺点，又能起到放大作用的电子元件。1947年，这个小组的肖克利、巴丁和布拉顿就发现了晶体管效应。肖克利在理论上预言：假如半导体薄膜的厚度与表面空间电荷层的厚度相当，那么就可以利用垂直于表面的电场来调节薄膜的电阻率，从而使平行于表面的电流得以调节。对此，巴丁从理论上做了进一步的发展，布拉顿则充分发挥了他的实验技能，

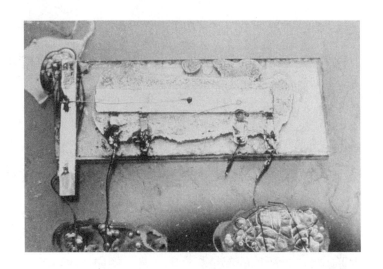

基尔比发明的第一块集成电路

与巴丁密切配合，发明了点接触型晶体管。这是世界上第一个晶体管。后来肖克利又发明了更便于实际应用的结型晶体管。

什么是点接触型晶体管，什么是结型晶体管呢？这涉及半导体和晶体管的一些基本知识。导电性能介于导体和绝缘体之间的材料叫作半导体，例如锗和硅。半导体材料具有一种导体或绝缘体所没有的特殊性能，即电学性质的可控性。也就是说，它的导电性能可以由外界条件来控制和改变。例如，用光照射半导体，或是在材料中掺入微量杂质，就会使它的导电能力成百万倍地变化。利用半导体所具有的特性，在一块锗片或硅片上做成的放大器，就叫作晶体管，例如二极管和三极管。晶体管的原理，可用能带的概念来简略说明。我们知道，原子中的电子总是在原子核外围按能级由低到高，由里到外，层层环绕。电子的这种分布，总是使整个原子系统的能量为最小。

这种状态叫作原子的基态。在基态能级上的电子，如果不吸收外来能量的话，将永远处于原来的位置。假如用光照射或用其他方式供给电子一定的能量，电子就会跳到外围轨道上（激发态），甚至能挣脱原子核的约束而脱离原子（电离）。反过来，处于激发态的电子放出光子而回到较低能级上的现象叫作电致发光。电视机荧光屏发光，一些激光器发射激光，都是这种电致发光原理的应用。若是两个或多个原子紧挨着，各个原子的每一个相同能级就似乎连成一片而形成了带状，故而叫作能带。固体里面原子外围的电子可以分布在不同能量的能带里。距原子核较近的叫作满带，就像单个原子中的电子喜欢停留在基态上一样，满带也是外围电子最常待的地方；较远的叫作导带；导带与满带之间有一段间隔叫作禁带，即不容许电子停留的地带。材料的导电性能的好坏，取决于导带内电子的多少。如果禁带很宽，满带内的电子想跳到导带上则很难，这种材料就是绝缘体；假如禁带的宽度为零，或是满带与导带重叠，这就是导体的情形；倘若禁带很窄，满带内的电子想跳到导带上就很容易，这样的材料就是半导体。半导体的电阻可依靠在晶体材料中掺入杂质来调节，其电学性质主要取决于杂质的类型和含量。这是半导体能用以制作晶体管的主要因素。掺入的杂质，其中原子外围的电子按晶体原子的电子排列，有的杂质的电子过剩，有的杂质的电子出现空缺，这两种情况对应两种不同型号的半导体，称前者为n型半导体，称后者为p型半导体。例如，把掺五价元素杂质的硅叫作n型硅（因电子过剩，

电流的载体——载流子呈负性），把掺三价元素杂质的硅叫作p型硅（因电子欠缺，载流子呈正性）。点接触型晶体管指的是半导体锗片或硅片是靠金属丝来与发射极和集电极做点接触。而结型晶体管的结构有点像夹心面包，n型半导体夹在两层p型半导体之间（p–n–p型），或是p型半导体夹在两层n型的之间（n–p–n型）。

与真空电子管相比，晶体管的主要优点有如下几条：一是构造坚固、性能稳定；二是体积小、质量小；三是使用寿命长；四是消耗的电能非常少；五是生产成本低。晶体管的发明，使微电子技术取得了突破性进展，也使肖克利、巴丁和布拉顿一起分享了1956年诺贝尔物理学奖。

与肖克利等3人相比，2000年诺贝尔奖的3位获奖者的荣誉就来得相当迟。他们获奖的工作只比肖克利等人的工作晚十来年，而得奖却晚了44年。下面让我们来看看阿尔费罗夫、克勒默和基尔比的更为技术性的发明是如何促进微电子产业的形成和发展的。

阿尔费罗夫和克勒默主要是因为研制了异质结结构晶体管并应用到激光器上而获奖。我们下面先看看什么是异质结。

同一块单晶半导体内部通过掺杂而彼此邻接的p型半导体和n型半导体的界面区域叫作p–n结。p–n结的基本特性是单向导电性，它是许多半导体器件的基本构成单元。两种不同的半导体相接触所形成的结叫作异质结。要形成异质结的这两种半导体，必须有相似的晶体结构，而且原子间的距离必须相近，两种材料的热膨胀系数也要相近。例如，由砷化镓和铝砷化镓可以构成异质结。这种异质结具有这两种半导体各自不能具备的优良的电特性或光特性。

第一篇关于异质结结构晶体管的论文是1957年由普林斯顿美国无线电公司的科学家克勒默发表的。他的理论工作表明，异质结结构晶体管比普通晶体管的性能好，在电流放大器和高频中的应用尤其优越。它的频率可以高达6×10^{11}赫，比最好的普通晶体管高出上百倍。而且，由它们组成的放大器是低噪声的。

1963年，克勒默和阿尔费罗夫又各自独立地提出了异质结结构激光器的原理。这是一项和异质结结构晶体管同样重要的发明，对半导体激光器的发展起了决定性的作用。同年，阿尔费罗夫的研究小组就研制出异质结结构的多种元件和异质结结构激光器。采用异质结结构制成的半导体激光器可用于光纤通信中的光数据存储，如CD激光唱机、条形码识别器、激光标识器等。这项发明已经在现代通信中起到了极其重要的作用。

2000年诺贝尔物理学奖的第三位获得者基尔比，则是集成电路的主要发明人。证明集成电路具有实际应用价值的工作是当时美国的两位年轻工程师基尔比和诺伊斯各自独立完成的。诺伊斯被誉为硅谷最重要的缔造者之一，已于1990年去世，他未能看到他参与的发明所获得的这来得太迟的嘉奖。

基尔比于1958年把二极管、三极管、电阻和电容等12个元件集合成一个整体，做在一块薄薄的硅片上，并使它具有电子线路的功能。这就是世界上出现的第一块集成电路板或叫作

片。顾名思义，集成电路，就是集电学元件于一体的电路。不久，人们按照在一块晶片上集成的晶体管和其他元件的数目来确定集成电路的集成度和规模。集成的元件为10～100个的，即集成度为10～100的为小规模；100～1000的为中规模；1000～10万的为大规模；10万以上为超大规模。由于半导体集成电路体积小、稳定性高、制造工艺比较简单、成本又低，且适合大量生产，因而发明不久就迅速地产业化，它是集成电路中产生和应用最多的一种。半导体集成电路广泛用于各种数字系统和线性系统中，是计算机、通信和自动化装备中的重要元件。简而言之，整个现代电子学的发展，就是从电子管到晶体管，再到

计算机的繁荣

集成电路和芯片的过程。

在集成电路迅速发展的基础上，从集成电路（IC）向集成系统（IS）的伟大转折业已开始。所谓集成系统，就是从整个系统的角度出发，把处理机制、模型算法、芯片结构和各层次的电路以及器件的设计紧密结合起来，在单个或少数几个芯片上完成整个系统的功能的系统设计。与集成电路组成的系统相比，由于集成系统设计能够综合考虑整个系统的各种情况，因而可以在与集成电路同样的工艺技术条件下实现更高性能的技术指标。例如，若采用集成系统方法和0.35微米工艺设计系统芯片，在同样的系统复杂度和处理速率下，能相当于采用0.25微米工艺甚至0.18微米工艺制作的集成电路的性能。再者，采用集成系统方法完成与集成电路同样功能所需要的晶体管数目可以减少到原来的1／10乃至1／100。微电子技术从集成电路向集成系统的转变是一种概念上的突破，也是信息技术发展的必然结果。

人们预计，在21世纪上半叶，微电子技术仍将以硅技术为主流。虽说微电子学在化合物和其他新材料方面的研究颇有成效，但尚未具备以其替代硅基工艺的条件。迄今，世界各国已在硅基工艺上投入了数以万亿美元的设备和技术资金，使其形成了非常强大的产业。以硅基工艺为主角的计算器和智能机器，已发展到公司林立、机型万千的极其壮观的场面。可以预期，微电子产业将于2030年前后进入汽车工业和航空工业等比较成熟的工业领域，还将在生物医学、生命科学、环境保护、军事科学等热门领域大显身手。而以这些尖端科学技术为基础的信息技术，由于在

世界信息网络

20世纪的最后30年的进度令人瞠目，所以它在21世纪的发展速度更是难以想象。有一位科学家对未来说了这样一句妙语："你就等着吃惊吧！"

事实上，不论是在1981年8月为国际商用机器（IBM）公司的第一台个人计算机亮相而欢呼之日，还是如今在万维网上任自己的思绪风驰电掣般全球翻飞之时，抑或是在无论令人多么吃惊的未来，我们都不会忘记只装有12个元件难言精巧的集成电路板一类的基础性发明；就像时值航天时代仍不会忘记1903年莱特兄弟的"丑小鸭"——装有汽油发动机的滑翔机——试飞成功一样。因为，科学的意义，在于探索；科学的生命，在于创造！

● 让思想跟上科学技术的进步

　　1931年，法国著名科学家朗之万曾感叹：我们必须在理解上和想象上尽最大的努力，才能及时领悟"实验科学的惊人进步"和"物理学所呈现的宇宙形式"。在这之后，实验科学的发展速度之迅猛、新观察到的事实之多样、物理学所呈现的宇宙形式之奇妙，更是令人难以想象的。在20世纪30年代之后的科学前沿，对愈益复杂的仪器和技术的应用和需求，使科学世界和人类生活产生了戏剧性变化。伽利略的望远镜、列文虎克的显微镜、卢瑟福的"线和封蜡"，诸如此类曾经做出过科学发现的许多实验工具，统统被送进了"历史博物馆"。取而代之的是，巨型天文望远镜或者卫星上载的大型望远镜、大型地面探测器阵列、能透视大型集装箱货车的自动化检测装置、能产生光束亮度比最强的探照灯还强百亿倍的激光器、能对DNA分子实施切割技术的扫描探针显微镜、用上万个新式微处理器连成巨大并行机的超级计算机、用航天飞机载往空间站并在太空运行的磁谱仪，如此等等。我们先来看看英特尔公司的创始人莫尔于1965年预言的关于集成电路的发展规律，后来称之为莫尔定律。莫尔定律是说，集成电路的集成度（一块晶片上集成的晶体管和其他元件的数目）每3

年增长4倍,而特征尺度每3年缩小一半。2000年诺贝尔物理学奖获得者基尔比在1958年发明集成电路时,一块硅片上只安了12个元件,如今一块小小的芯片上则含有数百万个独立的元件,使微电子技术中的"微"字真正名副其实了。

实验科学技术令人瞠目的突飞猛进,规模空前地拓宽了科学王国的疆土。以物理学和相关学科的发展为基础的自然科学,在横向和纵向上的延伸都超出了先哲和时贤们的预料。许多新兴学科,例如粒子物理学或者说高能物理学、原子核物理学、电子学、微电子学、等离子体物理学、低温物理学、宇宙线物理学、空间物理学、天体物理学、宇宙学、分子生物学、生物化学、量子化学、神经物理学和计算机科学等,遍及宏、宇、介、生、微领域。知识总量的大幅膨胀使得科学家中有人如此感叹:"如今没有几个学者能够不加任何限制而自称为数学家或物理学家或生物学家。"

在19世纪与20世纪交替之际,对原子是否存在的问题,即便在科学家中也存在着争议和冲突。著名物理学家玻耳兹曼不幸于1906年自杀而死,这一惨剧的主要原因就是他的分子运动学说受到了实证论者的攻击。在实证论者看来,假设的、不能直接看到的像原子那样的东西是不科学的。原子存在的假说自道尔顿1803年提出之日到玻耳兹曼自杀之时,历时百年,也争论了百年。如今还会有人怀疑原子的存在吗?正常心智的人是不会的,即便是实证论者也不会。这是因为,实验科学的进步不仅以原子弹、氢弹那种骇人的方式把"原子能"呈现于世,而且以实证论者也能接受的方式把单个原子取出来，让人直接看到了它们的存在。例如，科学家们用扫描探针显微镜把48个铁原子巧妙地排列在铜表面上形成了一个圆形围栏，这在以前是多么不可想象的事情啊！

曾几何时，我们的先人只能用神话和臆想来描绘世界。例如"嫦娥奔月"和"盘古开天"的故事，前者是对"月宫"的想象，后者是关于宇宙起源的描述。而当代，人类已实现了登月的壮举，对有史以来总是可望而不可即的嫦娥的故乡进行了实地考察。更有甚者，人们不仅用"大爆炸"理论解释了宇宙的起源，还在实验上探测到了大约150亿年前那"大爆炸"的"回声"；而且，科学家们已经在用相对论重离子对撞实验来产生原初物质，以模拟和再现宇宙诞生时的情景。迄今，人类不仅充分认识到自身的生存环境，自身在地球、在银河系、在整个宇宙中的地位，而且已经获得了前所未有的掌握自身命运的能力。

我们所在的自然界，是个包括我们人类在内的、有着千奇百怪各式各样物质的世界。在这个物质世界上，与强大的自然力和很多凶猛动物的本能相比，人体本身的力量显得何等弱小啊！然而，弱小的人却成了自然界的主宰。之所以如此，其缘由固然很多，但毋庸置疑的重要因素得归结到人类的智力活动上。人类不仅能够发挥个人的智慧，而且能够集中群体的创造力；不仅善于使用知识的杠杆来支配一切，而且善于继承和发展业已取得的智力活动成果。连伟大的科学家牛顿都说："如果我看得更远一些，那是因为我站在巨人们肩上的缘故。"自

古以来，人类始终以坚韧的毅力和无限的耐心，孜孜不倦地探索自身的存在之谜和其他同样诱人的自然奥秘。正是这些体现能动性的智力壮举，使人类的理性和知识不断升华，进而使人类的力量无与伦比。

如果没有正确的元素概念及其科学的研究，人类就会局限在"水、土、气、火"或者"金、木、水、火、土"的圈子里，任凭炼金或炼丹术士的风箱和坩埚吞云吐雾；如果不了解空气的组成，人类就不知道自己赖以生存的氧气为何物，更谈不上气体的液化和由此引出的超导现象；如果没有原子、分子论的建立，就无所谓认识生物大分子DNA（脱氧核糖核酸）的双螺旋结构，也就无所谓认识生命现象最本质的内容；如果不对原子和原子核做解剖，就不会发现"比一千个太阳还亮"的新能源，也就不会发现奥妙无穷的粒子世界。

不论是刀耕火种的远古，还是星际遨游的现代，人类总是以无限的激情和不尽的欲望来积极从事所有可能的智力活动。人类对世界的认识过程也正是向着一大一小两个方向延伸，一个是极大的宇观尺度，一个是极小的微观尺度。若将日常生活中的大和小的概念与宇观世界的"大"和微观世界的"小"作比较，则真是小巫见大巫。尽管人类的眼睛无法直接看到这样的"大"和"小"，但人们探索未知世界的努力却从未停止过。正是人们对自然奥秘的不断探索，科学的不断发展和进步，才使人类在认识世界中达到了一个崭新的境界。在21世纪，让我们的思想跟上科学技术的进步，勇做时代的弄潮儿吧！